産経NF文庫
ノンフィクション

就職先は海上自衛隊

元文系女子大生の逆襲篇

時武里帆

潮書房光人新社

はじめに――文庫化にあたって

子どもの頃から水泳は苦手だった。いや、苦手どころかまったく泳げなかった。プール特有の、あの塩素のにおいを嗅いだだけで胃がキリキリするような、嫌な気持ちがしたものだ。

幸い小、中学校ともにプールのない学校だったので、毎年夏期に行なわれる市営プールでの水泳実習だけどうにかうまくごまかし、乗り切ってしまった。学校生活が終われば、もう二度と泳がなくて済む。そう思って、ついに水泳を克服せぬまま大人になった。

しかし、運命とは皮肉なものだ。大人になってから、私は子どものころから溜めに溜めたツケを、一気に支払う羽目になったのである。就職先を海上自衛隊に決めたばかりに……。

一九九四年四月。広島県安芸郡江田島町の海上自衛隊幹部候補生学校に入校した私は、海曹長という階級で一年間、海上自衛隊の幹部となるための基礎教育をみっちりと受けるはこびとなった。

当時はまだ現在の学生隊舎はなく、旧海軍時代から残る通称赤レンガの庁舎で寝起きする学生生活だった。東京で四年間、一般の私立大学文学部で女子大生生活を送ってきた私にとって、ラッパの音で起床し、ラッパの音とともに就寝する生活は新鮮を通り越して異様ですらあったが、同期にはすでに防衛大学校で四年間、こうした生活を送ってきたツワモノたちがいた。彼らは二課程学生と呼ばれ、私たちのように一般大学から入校してきた二課程学生を指導したり、なにかと面倒を見てくれる頼れる存在だった。まだ防大卒の女子がいなかったため（防大女子一期生はこのときまだ防大の第二学年）、一課程学生といえば総員男子だった時代である。

いわゆる新卒にあたる私たちのような一般幹部候補生は第一学生隊という学生隊を構成し、第一学生隊は第一から第六までの六個分隊から成り立っていた。当時、一個分隊は約二五名。そのうち一課程学生と二課程学生の数は半々で、各分隊に約二名ずつWAVE（女性海上自衛官）の候補生がいた。

私が所属していたのは第三分隊で、私とK野候補生というWAVE候補生が紅二点だった。ともに同じ二課程学生だが、K野候補生は海士長として海上幕僚監部に勤務しながら大学を卒業し、幹部候補生試験に合格して入校してきた努力家で実力派の女性である。

第三分隊の分隊長は前著『就職先は海上自衛隊——女性「士官候補生」誕生』でもおなじみS本一尉。じつは人情家で人一倍涙もろいにもかかわらず、指導時はそんな一面を封印し「俺はお前たちの先生でもなければ、先輩でもない。ましてやオトモダチなんかでは決してない！」というスタンスを貫かれた。

そして江田島を語るうえでけっして忘れてはならない存在が、赤鬼・青鬼こと学生隊幹事付（かんじつき）A（アルファー）とB（ブラボー）である。幹事付とは学生隊幹事という鬼の大将の下、候補生たちの生活を朝から晩まで見張り、主に規律や服務面において徹底した厳しい指導を行なうスーパー指導官。

私たち候補生は常に赤鬼と青鬼に吠えたてられながら、卒業までに二課程学生は一課程学生に追いつけ、一課程学生は二課程学生に負けるな、といった具合に互いに切磋琢磨、協力し合って候補生生活を送ってきた。

そんな江田島教育のカリキュラムの中、天王山と呼ばれる二つの訓練があった。一つは夏に行なわれる八マイル遠泳、そして、もう一つは秋に行なわれる野外戦闘訓練である。

前著では、幹部候補生学校入校から最初の天王山である八マイル遠泳を赤帽のままクリアしたところまでを綴った。ちなみに赤帽とは水泳能力未熟者の通称で、海上自衛隊では泳力が一定の基準に満たない者は赤い水泳帽、基準を満たした者は白い水泳帽を被る。私は水泳能力未熟者の赤帽ながら天王山をよじ登り、子どものころからのツケを一気に返済して八マイル完泳の快挙を成し遂げたのだった。

　さて、本書では遠泳訓練の後の分隊対抗水泳競技から始まり、野外戦闘訓練という最後の天王山をメインに、幹部候補生学校卒業までを綴る。最後の天王山だけあって、野外戦闘訓練は当然ながら楽勝というわけにはいかなかった。この訓練だけで一冊になるほどの、さまざまな人間ドラマが生まれた。笑いあり涙ありの我が第三分隊の奮闘をぜひお楽しみいただきたい。

　そして、最後は江田島名物である卒業式の帽ふれ。送る側と送られる側が互いに帽子をふり合って名残を惜しむ、旧軍時代からの伝統ある別れの儀式だが、じつは陸・海・空の三自衛隊の中で、帽ふれを行なうのは海上自衛隊だけである。

　自衛官は傘をささないという常識すら知らぬまま赤レンガ入りした文系女子大生が、最後は三等海尉の金線を巻いて表桟橋から帽ふれをして江田島を発つ。まるで嘘のような晴れ姿を思い浮かべ、ともに感動の涙を流していただければ、このうえない幸せである。

時武里帆

就職先は海上自衛隊
元文系女子大生の逆襲篇

——目次

写真提供／著者・海上自衛隊
図版作成／佐藤輝宣

就職先は海上自衛隊

元文系女子大生の逆襲篇

海上自衛隊の階級と階級章

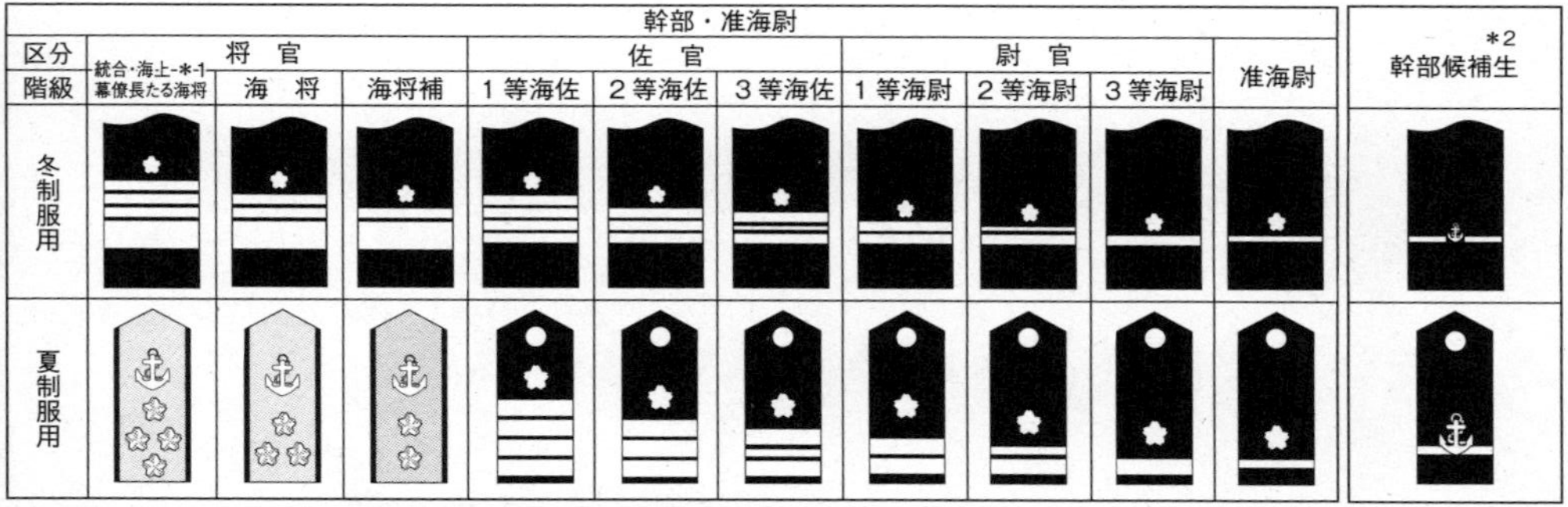

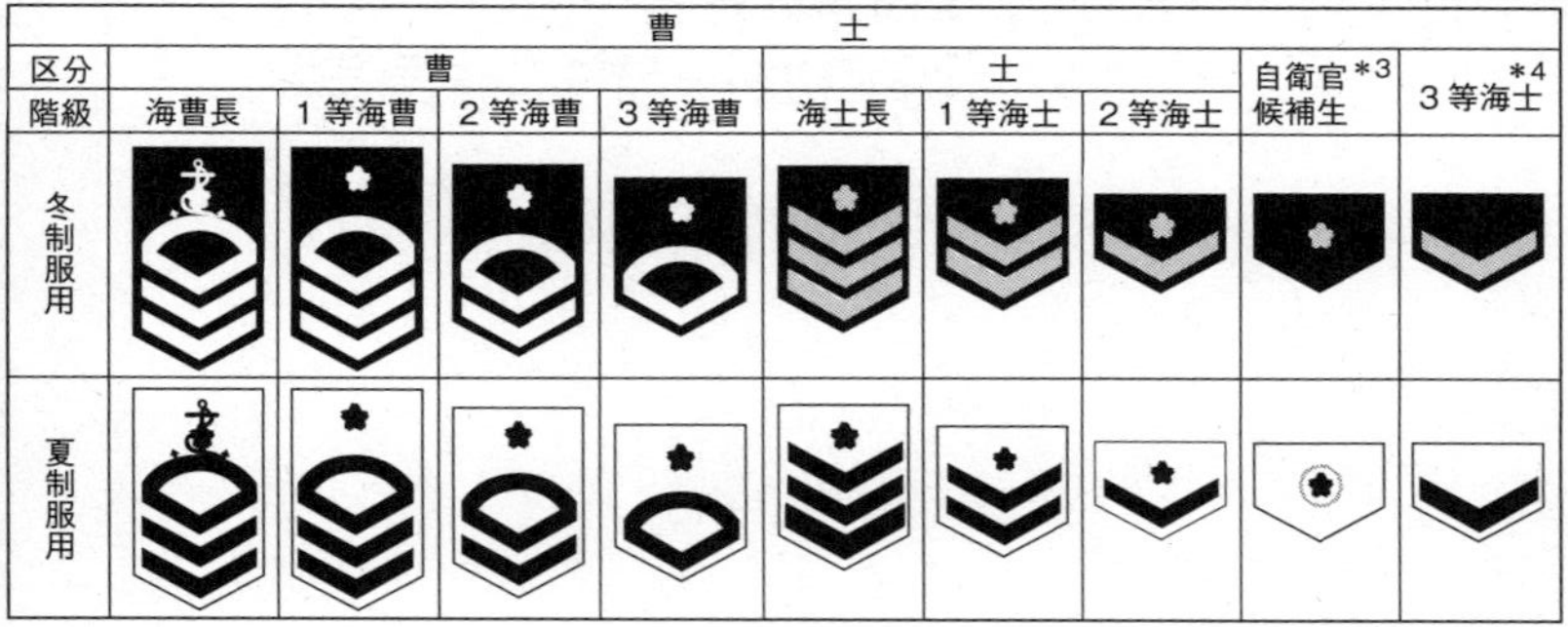

区分	幹部・准海尉										
区分	将官			佐官			尉官			准海尉	幹部候補生 *2
階級	統合・海上－*1 幕僚長たる海将	海将	海将補	1等海佐	2等海佐	3等海佐	1等海尉	2等海尉	3等海尉		
冬制服用											
夏制服用											

区分	曹士								
区分	曹				士			自衛官 候補生 *3	3等海士 *4
階級	海曹長	1等海曹	2等海曹	3等海曹	海士長	1等海士	2等海士		
冬制服用									
夏制服用									

*1 階級は「海将」

*2 階級は「海曹長」だが、准尉に準じた徽章を着用する

*3 平成23年度より使用 任官前なので階級はない

*4 平成22年度廃止

第1章　海自伝統の……

分隊対抗水泳競技

とうとう夏の天王山である遠泳訓練も終わった。筋金入りのカナヅチだった私が、無事に八マイルを泳ぎ切った。この事実は、私の中で途轍もなく大きな自信をもたらした。

遠泳を制する者は夏を制す。

さあ、これでしばらくは水泳訓練から解放されるだろう。シメシメ……。

ところがどっこい！　そうは問屋が卸さなかった。

今度は分隊対抗の水泳競技に向けて、競泳の猛練習が始まった。自由形、平泳ぎ、バタフライ、リレーなど、タイムを競う種目が目白押しである。

水泳係のK原学生が中心となって、選手を振りわけていくのだが……。

私はもちろん平泳ぎに出場が決定（なにせ、平泳ぎしかできないのだから！）。しかも、「赤帽枠」という特別枠があり、赤帽同士が競い合う競技にエントリーされた。

白帽と対戦する危機は免れたものの、相手も同じ赤帽ならば「私は赤帽だから」なんて言い訳はできない。白には白の、赤には赤の戦いがあるのだ。

自由形にはT橋A（アルファ）候補生やT橋B（ブラボー）候補生など、泳ぎの達者な選手がエントリー。

リレーもK原候補生を始めとした主力メンバーで組んだ。

「問題は、バッタ（バタフライ）だよな。誰か、バッタを泳げる奴いるか？」

シーンと静まり返る自習室。

海上自衛隊といえば、基本は水泳。泳力のある者ばかりが揃っているイメージだが、まともにバタフライを泳げる者は意外に少ない。

「俺、なんとなくだったら泳げるかも」

「俺も一応、それらしい形はできるかも」

と、実に心許ない。

「よし、分かった。俺が独断で決める。N部、お前がバッタを泳げ」

K原候補の独断によって決定したのは、自習室で隣席のN部候補生だった。そう。見かけは香港マフィアだが、クラシック音楽をこよなく愛するN部候補生である。

「でも、俺、最後まで泳ぎ切れないかもしれないよ」

弱気なN部候補生をK原候補生が励ます。

「大丈夫だ。どこの分隊もバッタで勝とうなんて思っちゃいない。とにかく、お前はそれらしく泳いでくれればいい」

まるで捨て駒というべきか、人身御供というべきか……。

バタフライに勝負を賭けるよりも、自由形やリレーに勝負を賭けようというK原候補生の戦略だった。

一方、自由形に出場するT橋ブラボー候補生は、分隊長のS本一尉から、ほとんど重圧にちかい期待をかけられていた。

「僕は分隊長から『息継ぎしないで泳げ！』って言われてるんだ」

語る目つきが真剣（ガチ）である。

「だから、僕は息継ぎをしない！」

本当に息継ぎナシで五〇メートルを泳ぎかねないT橋ブラボー候補生の気迫に、K原候補生も驚いていた。

「よし。頼んだぞ、ブラボー。お前ならできる！」

こうして我が第三分隊の面々は、なんとも強引な戦略で水泳競技に臨む運びとなった。

海上自衛隊が水泳競技に力を入れるのには、歴とした理由がある。

もちろん、個々の泳力向上はさることながら、競技に向けて一丸となって練習し競うことで、士気が高まるのだ。

だから、どこの部隊に行っても、必ず水泳競技はついて回る。

別の言い方をすれば、海上自衛隊にいる限り、水泳競技から逃げることはできない。

特に、幹部候補生学校は幹部としての素養を養う最初の教育機関である。遠泳訓練とはまた別の熱の入りようだった。

ところが、この年は珍しく空梅雨で、夏に入ってからも雨が少なかった。

江田島のみならず、中国地方全体に深刻な水不足が広がっていた。

これが水泳競技とどんな関係があるかというと……。

ズバリ、プールに充分な水を張れない状態が続き、よって、水泳競技に向けての練習が満足にできない。

これは非常にイタイところだった。

しかし、私のように競泳が苦手な者にとっては、ちょっとした幸運でもあった（今となったから言える、ここだけの話だが……）。

プールに入れないなんて、なんて残念！　裏返せば、プールに入らなくていいなんて、なんてラッキー！

満足な練習もできないまま、水泳競技当日を迎えたのだった。

赤帽枠のお披露目

さて、深刻な水不足の中の水泳競技当日。

貴重な水を使っての競技は粛々と行なわれた。

充分な練習もできなかったため、皆、ほとんどぶっつけ本番だった。

しかし、「息継ぎをしない」宣言で挑んだT橋ブラボー候補生の豪快なクロールには、誰もが息を呑んだ。

「あいつ、本当に息継ぎしてないんじゃないのか？」

まさに、一直線に目標を追尾する魚雷さながら迫力で、好成績を記録した。

バタフライを克服できないまま、バタフライに出場したN部候補生は、本当に苦しそうだった。

しかし、それは他分隊の選手たちも同様だった。やたらと水しぶきは上がるものの、なかなか前に進まない、もどかしいレース展開である。

ただ一人、まともなバタフライのフォームで泳ぎ切った他分隊の選手が優勝し、あとは皆、気の毒なほどグダグダだった。

さて、私の出場した赤帽レースはどうだったかといえば……。

なぜか最終種目となっており、競技のトリを飾る流れとなっていた。

学校の運動会ならば、トリはリレーか騎馬戦と相場が決まっているところ、赤帽レースをトリにもってくるとは……。

どう考えても、盛り下がること必至である。

ところが、この赤帽レースの思わぬ演出には驚いた。

なんと、「○番のコース、第○分隊○○候補生！」のアナウンスの後、最初の水泳能力試験時のタイムが読み上げられるのである。

つまり、初期のどうしようもない状態から遠泳訓練をクリアし「ここまで成長しました」という、お披露目会のような趣旨になっていた。

私の出番では「第三分隊時武候補生、初回検定時、測定不能により失格！」とのアナウンス。

センターラインが見えた瞬間に立ち上がるという戦略で挑んだ当時の記憶がよみがえった。これはもう、苦笑いするしかない。

結局、赤帽レースは、このお披露目がメインで、レース自体はあまり注目されなかったように思う。

当の私も、自身が何着でゴールしたのか、よく覚えていない。

ただ、センターラインが見えても立ち上がらず、余裕で泳ぎ切れたことに関しては、特別な感慨を抱いた。

「とりあえず、成長したかな」

心から、そう思えた瞬間だった。

「長」と名がつくと……

そうこうしているうち、第二学生隊の学生たちが卒業の時期を迎えた。

第二学生隊とは、部内から上がって来た幹部候補生たちである。春に卒業する第一学生隊の私たちとは教育体系が違い、彼らは夏に卒業するのである。

卒業式とその後の午餐会（来賓を交えての食事会）は、学校を上げてのイベントだった。

そのため、第一学生隊の各分隊から、何名かずつ午餐会の準備をする作業員の召集がかかった。

それまで何の係にもついていなかった私は、当然のごとくこの午餐会作業員（通称「午餐会係」）に抜擢された。

名誉というより、どちらかといえば迷惑な抜擢である。ただでさえ忙しい日課に、午餐会に関する打ち合わせや作業がねじ込まれるのだから。

午餐会までに、係の集合が何回くらいあっただろうか。よく覚えてはいないが、最低でも四、五回くらいは集まったのではないだろうか。

まずは、各分隊から集まった係の長を決めねばならない。

じゃあ、ジャンケンで……。

となるかと思いきや、そういう展開にはならなかった。

午餐会係の指揮官である第一分隊長の命令により、有無を言わさずM園候補生が長となったのである。

M園候補生は第一分隊の分隊員。

つまり、第一分隊長は自身の分隊の分隊員を鍛えるために、M園候補生を長に抜擢したらしい。

「かわいい子には旅をさせよ」とはよく言ったものだ。

だが、第一分隊長のM園候補生に対する指導は、なかなかに手厳しかった。

M園候補生が係全体に何か指示を出すにつけ、「それでいいのか？　〇〇についてはちゃんと考えてるのか？」と横で睨みを利かす。

「え、では、やはり……」

と、M園候補生が考えを翻そうとすると、「お前がこの係の指揮官なんだぞ。途中でころころと考えを変えるな。最後までお前が考えたとおり、係を動かしていけ！」と突き放す。

今にしてみれば、第一分隊長は部隊の指揮統率にあたり、指揮官とはどのようにあるべきか、M園候補生に圧力をかけながら教えていたのだろう。

どんな組織においても、「長」と名がつけば、責任が発生し、背負うものも重くなる。その重圧に耐え、常に状況を判断して的確な指示を出すことこそが指揮官の務め。こうした係活動を通じて、指揮官の素養を養うことも、幹部候補生学校の教育の一つだ。

頭では分かっていても、やはり、M園候補生が気の毒な学生に見えてしかたがなかった。

指揮官は作業員となってはならない

作業隊の指揮官が、自ら腕まくりをして現場の作業を手伝う……。こうした指揮官は一見、協調性があって親しみやすい「良い人」に見える。

しかし、幹部候補生学校の教育では、こうした行為は「よろしくない」とされる。指揮官は作業員となってはならないのだ。

なぜか……?

指揮官は常に作業全体を把握し、状況を判断する立場にいなくてはならない。作業員に混じって作業に没頭していては、全体が見えないし、適切な判断ができない。何か事故が起きた場合の対処(もしくは事故を未然に防ぐ処置)ができない。

だから、どんなに手伝いたくても、手伝ってはならないのである。

「俺たちにキツい作業をさせといて、お前は高見(たかみ)の見物かよ」

当然、こうしたブーイングに晒されるケースは多々ある。

しかし、そんな風当りの強さに耐えて、立場を貫くことも指揮官の務め。午餐会の会場である食堂に物品搬入する際、M園候補生は何度か自身も手伝おうとした。

その度に、「M園! お前はこの作業員たちの長であり、指揮官だろう? 指揮官は作業員になっては駄目だ!」と、第一分隊長に怒られていた。

気の毒で心が痛んだ。

指揮官の判断と白い手袋

午餐会準備作業も大詰めをむかえたある日、結構な難関が、私たちの前に立ちはだかった。

ワイングラスなどのグラス類をテーブルに並べる作業である。

さほど高価なワイングラスではなかっただろうが、なにせ数がハンパではない。何箱にも分けてぎっしりと梱包された、おびただしい数のワイングラスを見て、作業員一同、絶句した。

「これを全部並べろってか？」

作業員たちの視線が自然と、長であるＭ園候補生に注がれる。

Ｍ園候補生も、明らかに動揺した表情を浮かべていた。

しかし、いくら呆然と眺めていたところで作業は進まない。

Ｍ園候補生による作業開始の指示を待っていると、やおら、Ｍ園候補生が別の場所から段ボールの箱を運んできた。

「ワイングラスを並べる前に、まず、これを……」

Ｍ園候補生が、勢いよく段ボールの箱を開けた。

中から出てきたのは、購買（PX）で買ってきたと思われる、新品の礼装用白手袋だった。それも、綿製の安い手袋ではない。綿製より若干高価なナイロン製である。ちゃんと作業員の人数分揃っている。

「俺にできるのはこれくらいだから……」

素手で並べると指紋がつくと考え、指揮官自ら身銭を切って人数分の白手袋を用意したらしい。

「みんな、この手袋をつけて並べてくれ！」

なにもそこまでしなくても……。

皆、ありがたいやら申し訳ないやら、複雑な表情でナイロン製の白手袋を装着した。作業は滞りなく進んだが、この時に限って、第一分隊長は姿を現わさなかった。果たして、M園候補生の判断は適切だったのかどうか……。

M園候補生の給料で用意していただいたナイロン製の白手袋は、その後も礼装時に着用してとても重宝した。

儀式に映える白詰襟

海上自衛隊には「第一種夏服」と呼ばれる白い詰襟の制服がある。いわゆる学ランの白バージョンだと思っていただければよい。

夏に学ランを着るなんて応援団くらいのものだろうが、海上自衛官も夏の儀式の際は、この白バージョンの学ランを着用する。

残念ながら、WAVEの「第一種夏服」はブレザーなので、白詰襟がどの程度暑苦しいかは想像するしかない。

半袖の略装でも暑いのだから、長袖でしかも詰襟となればかなり暑いだろう。目の前に並んでいた男子候補生が、白詰襟から出た首筋に、玉のような汗を浮かべているところを見た記憶がある。

しかし、着後感がどんなに暑苦しくても、この白詰襟の外観には暑さをまったく感じさせない清潔感と爽やかさがある。

不思議だ。

白詰襟を着ていると、どんな人でもカッコよく見える。

だからこそ、見映え重視の儀式の際は、白詰襟が用いられるのではないだろうか。

見た目にも清々しい夏の卒業式

さて、夏に卒業を迎える第二学生隊の学生たちはＷＡＶＥ以外は皆、この白詰襟での卒業式だった。

私たち第一学生隊の面々は〝赤レンガ〟の前から表桟橋まで花道を作り、見送った。

卒業証書の入った筒を片手に挙手の流し敬礼。

たとえ中は汗でビッショリだったとしても、白詰襟の外見はみごとに爽やか。

「軍艦マーチ」に合わせて颯爽と行進していく。

春に卒業の私たち第一学生隊は冬制服での卒業式となるので、白詰襟の卒業式はこれで見納めである。

この時の第二学生隊の方々とは、あまり接点はなかった。

しかし、別課（課外活動）のヨット部で一緒だった何人かの方々とは、「お別れ会」と称した宴会（いわゆる飲み会だが、自衛隊ではなぜか「宴会」と呼称する）で会話をした。

「僕は、WAVEにはもっと活躍してもらいたいんだよね」

「これからはWAVEの時代が来ると思うよ」

と逆に激励されたのを覚えている。

「せっかく江田島にいるんだから、江田島をフル活用したらいいと思う」

「たとえば、自習時間にヨットの中で勉強したっていいと思うんだよね」

その時は「なんて素晴らしいアイディア！」と思ったが、よく考えると、ヨットのある第一術科学校へ夜の自習時間に移動するなど、かなり無理のあるご提案だった。

それはさておき……。

卒業と同時に三尉に任官された第二学生隊の皆さんが表桟橋から内火艇に乗り込み、帽ふれをしながら去っていく場面は実に壮観で清々しかった。

これから彼らは通称「ミニ遠航」と呼ばれる外洋練習航海実習へと発つ。

「ミニ」がつくのは、私たち第一学生隊の遠洋練習航海実習が半年かけて遠方を回るのに比べて、期間が短いからである。

江田島湾には「ミニ遠航」で乗艦する護衛艦が迎えに来ていた。

内火艇から護衛艦に乗込んだ彼らがズラリと舷側に整列した。

やがて、出港ラッパが鳴り、「出港用意！」の艦内号令が聞こえた。

ゆっくりと江田島湾を出ていく護衛艦たち。

半年後には、私たちも同じように江田島を出ていくのだなあと思うと感慨深かった。

災難は忘れたころにやってくる

第二学生隊の学生たちを乗せた護衛艦の姿が見えなくなると、私たちにも「わかれ」の号令がかかった。

第二学生隊との「別れ」ではない。「さあ、セレモニーはここまでだ。お前たちはさっさと通常日課に戻れ！」という意味の「わかれ」である。

目の前で手をパンパンッ！　と打たれたように、私たちはきびきびと見送りの位置を離れた。

まずは、作業服への着替えである。

この日はとても暑かったので、私は夏用の半袖の作業服に着替えた。

隣で着替えていた第五分隊のS賀候補生も「私も半袖にしよう！」と、半袖に着替えていた。

ところが、何を思い直したのか急に「おっと、いけない。長袖にしておこう」と、わざわざ長袖の作業服に着替え直した。

「どうして？　暑いよ」

と声をかけたが、S賀候補生は「いいの、いいの。暑いほうが痩せるし」と笑うばかり。どうも様子が変だなとは思ったものの、私は半袖の作業服で食堂へと向かった。

午餐会の後片づけである。

作業員の長であるM園候補生が号令をかける中、私はバケツを持って残飯の処理にあたった。食堂の冷房はすでに切られており、暑いこと、暑いこと！　汗だくで残飯を片づけながら、つくづく思った。

食べ残しより、飲み残しのほうが始末が悪い……。

ポリバケツが、飲み残しですぐに一杯になってしまう。何度も中身を捨てにいき、ちょうどその往復の最中、プツリと放送のマイクが入る音がした。

あ、この音は……、まさか！

嫌な予感がした。

「学生隊待て」

キターッ！　赤鬼の声である。

私はバケツを持ったまま、食堂の外の通路で「気をつけ」をした。

「第一学生隊、総短艇用意。服装は作業服装。操法は……」

そういえばしばらくの間、総短艇はかかっていなかった。久しぶりにかかったと思えば、まさかこのタイミングとは……。まさに「災難は忘れたころにやってくる」だ。

「……以上、かかれ！」

もはや、残飯の入ったバケツになど構っている暇はなかった。

私はバケツを通路に置き去りにしてダッシュした。

総短艇は不意の戦闘を想定した訓練なので、ほうきを投げ捨てたままにしようが、芝生を斜めに突っ切ろうが、何をしても許される。

しかし、総短艇時の作業服装は長袖に長ズボンが鉄則なので、半袖を着ていた私は、まず長袖に着替えるところから始めなければならなかった。

とりあえず、WAVE寝室に駆けこんで、半袖の作業服をベッドの上に脱ぎ捨てる。ロッカーに仕舞う間もなく、長袖に腕を通し、ベルトを締めながら外へ飛び出す。

通常なら確実にベッドが飛び、赤鬼・青鬼に通路で呼び止められるところだが、今は非常事態。誰も何も文句を言ってこない。

真夏の炎天下、長袖長ズボンでダビットまでのダッシュは、それだけで気を失いそうな行為だった。

情報を制する者は総短艇を制す？

全身から噴き出る汗の量はハンパではない。私は「いいの、いいの。暑いほうが痩せるし」と笑っていたS賀候補生の言葉を思い出した。

これじゃあ、痩せるどころか脱水症状で倒れちゃうよ。

ん？　待てよ。

S賀候補生は一度半袖に着替えていながら、なぜわざわざ長袖に着替え直したんだ？

まさか……。S賀候補生はあらかじめ総短艇がかかると知っていた？

仮に知っていたとなれば、あの不自然な「いいの、いいの」の説明がつく。自身がつかんだ情報を他分隊の私に教えたくなかったのだ。

そうか。そうだったか！

私は走りながら合点した。それにしても、第五分隊はどのようにして情報を？

ようやくダビットに着くと、先に到着していた第三分隊の何名かが短艇の降下にかかっていた。だが、すでに短艇降下を終えて、乗艇している分隊もあった。

しまった！　出遅れた！

結局、その日の抜きうち総短艇で、我が第三分隊の優勝はなかった。

しかし、長袖フライングのＳ賀候補生の所属する第五分隊が優勝したかというと……。

そうではなかった気がする（自身の分隊以外の件は残念ながら記憶に残っておらず……）。

後日談になるが、こうしたセレモニーの後の「抜きうち総短艇」はよくあるパターンだったようだ。

我が第三分隊のメンバーも途中で感づいて、何人かは長袖に着替えていたらしい。ただ、分隊員総員の周知にまでは至らなかった。

総短艇後、Ｓ賀候補生に「あの時、知ってたのにわざと教えてくれなかったでしょう？」と軽いイヤミを吹っかけてみると……。

「いやあ、ごめん。ごめん。他分隊の奴らには教えるなって言われてたから」と苦笑いがかえってきた。

先の大戦の教訓においても、情報戦の重要性は説かれている。

しかし総短艇の場合、せっかく情報戦で勝っても、必ずしもとう漕で勝てるとはかぎらない。そんな新たな教訓が生まれた「抜きうち総短艇」だった。

なぜに相撲？

遠泳訓練と水泳競技が終わり、私たちはようやく水泳から解放された。

それまで水泳一色だった体育の教務も、新たな種目に衣替えとなった。

新たな種目とは……。

ズバリ、相撲である。相撲は国技であり伝統的な格闘技なので、伝統ある「江田島」にふさわしいのかもしれない。

しかし、水泳から一変して相撲とは、あまりにギャップがありすぎる。

いきなり相撲？　なぜに相撲？

頭の中にたくさんのクエスチョンマークを浮かべながら、体育服装で土俵に向かった。

まず、本格的な土俵がある時点で驚きである。

担当のE藤教官は、大柄で立派な体躯の方だった。現役時代は相撲で結構な活躍をしたらしい。

お手本として、見事な四股を踏んでみせてくれた。

「おおー」というどよめきの後、「さあやってみろ」となるわけだが。

やってみると、なかなか奥が深い。

きちんと腰を入れないと格好がつかないし、何度も連続してやっていると、お尻のあたりが張ってくる。

しかし、一番キツかったのは、「摺(す)り足」と呼ばれるもの。スクワットのように腰を入れた低姿勢で、ひたすら前進するのである。

土俵の上を何往復かしただけで、太腿がパンパンに張ってくる。キツいからといって、姿勢を高くすると今度は腰が痛くなる。

つくづく「お相撲さんは大変だなあ」と思う一方、「なんでこんなことを？　ここで？」との疑問が湧いてくる。

気が入っていないと、すぐにわかるらしく、「時武！　姿勢が高いぞ！」とE藤教官の声が降ってくる。

ヒーヒーと悲鳴を上げながらの基本稽古が続いた。

雨が降って「今日は中止かな」と思いきや、土俵には屋根がついているので、多少の雨であれば決行される。

「また相撲か……」と憂鬱な日々が続いた。

おかしな力士の土俵入り

ひととおりの基本稽古をマスターすると、今度は対戦形式の稽古である。相手と組んで相撲を取るわけだが……。

それにはまわしが必要になる。

ある時、E藤教官から「まわしの巻き方を教えるから、体育館にまわしを取りに来るように」との指示があった。

WAVEの何名かで取りにいくと、ずいぶんと年季の入ったまわしを手渡された。代々使われてきたまわしなのだろう。打ち粉のようなものが打ってあり、両手で持ってもズシリと重かった。

WAVEは男子候補生と違って直にまわしを巻くわけではなく、体育服装である半袖シャツ・短パンの上から巻く。

それでも正直なところ、誰が使ったかわからないまわしを巻くのには抵抗があった。きっと他のWAVEも同じように思っているに違いないと思った。

しかし皆、なんの抵抗もなさそうな顔でまわしの巻き方を習っている。

なんだ。私だけか？

私は内心の驚きを表情に出さないように努めた。

Ｅ藤教官による、まわしの巻き方は、とても難しくて覚えられなかった。見ている段階では「よし」と思うものの、やってみると勝手がわからない。

こちらの端は、どこへもっていけばよいのだろう？　そもそも、どこから巻きはじめるのだろう？

試行錯誤しているうち、まわしはズルズルと垂れ下がって、最初からやり直しとなる。

結局、物覚えのよいＷＡＶＥが覚えたやり方で、彼女にまわしを巻いてもらった。

半袖シャツに短パン、その上からまわしを巻いて、極めつけは赤白帽。おかしな力士の出来上がり！

この格好で土俵まで行進するのか……。

幹部候補生学校の隊舎から、土俵のある第一術科学校の敷地までは結構な距離があった。

おかしな力士スタイルで、遠路はるばるの土俵入りである。

力士としての私の成績は、残念ながら芳しくなかった。

せっかく巻いてもらったまわしも相手に取られるばかりで、自ら相手のまわしを取るところまでいかなかった。黒星ばかりの力士だった。

第2章　ガチなサマーキャンプ――幕営訓練

生命保持の本能？

私は大学時代、とても真面目な学生だった。

授業はほぼ前列の席に座り、熱心にノートを取っていた。試験前になると、急に友だちが増えて「ノートを貸してほしい」との申し出が殺到した。

……という話を候補生仲間に話すと、たいてい「嘘つけー！」というリアクションがくる。

「ホントだよ！　信じてよ！」

いくら訴えても誰も信じてくれない。

なぜだろう？　どうして誰も信じてくれないのだろう？

理由は簡単である。

候補生学校で「居眠りといえば時武」といわれるほど、私の居眠りが目立っていたからだ。

ほかにこれといって特徴のない私だが、居眠りだけは誰にも負けないほど特徴があった（らしい）。

自覚がないのが残念というべきか、幸いというべきか……。

これでもかというほど、首を上下に振って寝ていたようだ。

ノートの文字も最初のうちは文字になっているが、中盤から乱れて「横なぐりの雨」状態である。

呆れた教官が「おい、見てみろ。時武が大きくうなずいてくれてるぞ」と教務中にイヤミを言ったのにも気づかなかったらしい。

隣席であるT大卒の二課程学生であるK田候補生からは逆に感心された。

「いやあ、すごい。あれで起きないというところが……。起こそうとしたんですが、あまりにすごくて起こせませんでした」

こちらとしても教務中に眠るつもりは毛頭ないのだが、どうやら日ごろの睡眠不足を教務中に解消しようとしてしまうようだ。

生命保持の本能だろうか？

しかし、この居眠りは教務中だけに限らなかった。

あろうことか、武器手入れの最中、六四式小銃の銃身を磨きながら眠りに落ちた。

ハッとして目が覚めると、近くにいた一課程学生が「さっきまで起きてたのに、振り向いたらもう寝てる。信じられないよな。病気かもしれないから、一度病院で診てもらったほうがいいぞ」と驚いていた。

いえいえ、病気じゃないんです。本能なんです。

候補生学校で目覚めた本能は今も衰えず、電車の座席で頭を振りかぶっては窓にぶつかって目を覚ます有様。

恥ずかしくて顔を上げられないのは今も昔も変わらない。

幕営訓練

幕営訓練……と聞いて「何だろう？」と思われる方は、「ガチなキャンプ」と解釈していただければ間違いない。

候補生学校の夏の幕営訓練は、リアルでガチなサマーキャンプである。

まずは幕営地（キャンプ場所）まで短艇を漕いで進出するところから始まる。幕営地は沖美町の入鹿海岸。

江田島の候補生学校から各分隊の短艇に乗りこんで、とう漕開始となった。

総短艇時には艇長の私も、この時は艇長ではなく、漕ぎ手である。艇長は艇尾に座って艇首を向いて舵を切る。しかし、漕ぎ手は艇尾を向いて櫂を操る。座る向きが普段と違うので、これは新鮮だった。

おお、艇が進む。江田島が遠ざかっていく！

最初のうちは感慨もひとしおだったが、だんだん辛くなってきた。どうして櫂ってこんなに重いのだろう？　腰が痛いよ。腕が上がらないよ。

とう漕が長びくにつれて、誰もが無口になってきた。このまま入鹿海岸まで延々と漕ぐのか？　気の遠くなるような遠漕である。

分隊長のS本一尉は、艇尾に座ったまま、じっと腕組みをしている。

最初は元気のよかった艇指揮、U田候補生のかけ声もしだいにかすれてきた。艇長のF崎候補生の目もうつろだ。

艇の雰囲気がどんよりとしてきた頃、とうとうS本一尉が口を開いた。

「よし、ここから帆走（はんそう）だ」

帆走……。短艇に帆を張って、風の力で進む。つまり、漕がなくてよい！

「櫂上げ！」

艇指揮のＵ田候補生の声に張りが戻る。

一斉に櫂を上げ、櫂を艇内に収める。

「帆走用意！」

帆を張るには、マストを立てねばならない。大がかりな作業だが、これから漕がずに済むとなれば文句はない。皆、嬉々として作業に励んだ。

ほどなくして、第三カッターに大きな白い帆が張った。

周りを見ると、他分隊のカッターにも次々と帆が張りはじめた。この幕営訓練の訓練項目の中には、とう漕訓練だけでなく帆走訓練も含まれていたのだ。

根性でひたすらに漕ぐとう漕と違って風をとらえて進む帆走には、それなりの操船術が要る。風向きの変わり目をとらえて、帆の向きも頻繁に変えていかねばならない。漕がなくて楽チンだからといって、うかうかとしてなどいられない。

常に風向きと周囲の短艇の動向を見張っていなければ危険である。

私は候補生学校の課外活動でヨット部に所属していながら、こうした操船術のセンスがまったくといってよいほどなかった。

「おい、時武。お前、ヨット部だろ」

とツッコミを入れられながらも、何の活躍もできなかった。

結局、航海係にあたっていたＩ谷候補生あたりの頭脳を頼ったのではなかっただろうか。

とはいえ、艇上での休憩時間はちゃんとあった。

S本一尉の「たばこ許す！」の号令により、何名かが喫煙していた。たばこを吸わない者は、せんべいなどを食べて休んだような気がする。

何の役にも立っていないくせに、休憩の記憶だけはしっかりと残っているとは怒られそうだが……。

水、水、水……

候補生学校を朝早く出発したものの、幕営地である入鹿海岸に到着したのは午後二時か三時くらいだったと思う。

短艇を岸に係留した後、搭載していた物品を降ろして、海岸に天幕を張るわけだが……。時間がおしていたせいもあって、天幕を張り終えるまでは飲食禁止の命令が下った。

ええーっ！　この炎天下に水も飲まずに作業しろってか？

水が飲みたければ一刻も早く天幕を張れという趣旨なのだろうが、これはかなり過酷な命令だった。

「食」のほうは我慢できたとしても、「飲」のほうはどうにも耐えがたい。

皆、うつろな表情で天幕展張作業にあたった。これから帆走で使ったマストを支柱にして天幕を張り、各分隊用の宿営テントを作るのだ。

「水、許す」の号令がかかるまでには、かなりの時間を要しそうだ。

日陰ひとつない灼熱の砂浜。静かに打ちよせる波の音さえ恨めしい。

水、水、水……。

目が血走るほどの欲求である。しかも、私は二リットル入りのスポーツ飲料のペットボトルを雑のうの中に入れて背負っていた。

私物ではなく、第三分隊の漕ぎ手たちのために搭載した共用のペットボトル。なぜか私が管理者として預かっていた。

往路のとう漕で、すでに半分くらい飲み干されていたが、まだ残りの半分が残っていた。作業で動くたびに背中のペットボトルからチャプンチャプンと夢のような音が響く。

これはもう拷問だ。

背中に背負ったペットボトルのスポーツ飲料を思いきり飲み干したい。

いやいや駄目だ。これは分隊用のスポーツ飲料。みんなの水だ。

悪夢のような欲求と戦っているうち、「仮設トイレができたから、用を足したい者は足すように!」との達しがあった。

目を上げると、工事現場でよく見かける簡易トイレが砂浜にズラリと並んでいる。

いったい、いつの間に？　各分隊から派出した設営隊が、がんばってくれたらしい。

せっかくだけど、用を足せといわれてもねえ……。余分な水分など、体内に一滴も残っていない状況である。

だがそのとき、私の中にある考えがひらめいた。

私は作業中の手を止めて、吸いよせられるように簡易トイレに向かっていた。

ちょっとだけ。一口だけ。

簡易トイレの個室のドアを閉めると、私は無我夢中で背中の雑のうからペットボトルを取り出していた。

口を湿らす程度でいいから、ちょっとだけ。キャップを取るのも、もどかしくペットボトルに口をつける。

ゴクリ。

「乾いた砂地に水がしみこむように」とは、まさにこのこと。

ほんの少しのだけのつもりが、最初の一口で全部飲み干してしまう勢いに我ながら驚いた。

私はあわてて口を離してキャップを閉めた。

ああ、なにやってんだ、私は……。

ペットボトルの中のスポーツ飲料は、四分の一ほどに減ってしまっていた。

みんなの水なのに……。

罪悪感に苛まれながら簡易トイレを後にする。

入校当初、課題答申用の課題図書として読んだ松永市郎氏の『先任将校』を思いだした。

沈没した艦から脱出した乗組員たちが短艇で島に漕ぎつけ、生存を果たしたノンフィクションである。

真水を管理していた先任将校から真水を奪おうと、何名かの乗組員が先任将校殺害を図ったエピソードが書かれていた。

当時だったら、私も殺されてるだろうな。背筋に寒気を感じながら、灼熱の砂浜を歩いて作業に戻った。

水を飲みたい一心からだろうか。宿営用のテントは思いのほか早く完成した。

「水、許す」がかかるやいなや、誰もが狂ったように水を飲み始める。

簡易トイレでのひそかなフライングがバレるのではないかと思うと、私は素直に水の許可を喜べなかった。

いよいよバレたら「ごめんなさい」だ。土下座してでも謝ろう。悲壮な決意を固めていたが、意外にも誰も気づいた気配はなかった。

後期には2泊3日で幕営訓練が行なわれる。幕営地の江田島西部・入鹿海岸までは分隊ごとにカッターで進出、マストを立てての帆走訓練も実施されている〈海上自衛隊提供〉

幕営地に到着するとカッターを砂浜に乗り上げて、候補生たちは、ただちに宿泊用天幕の設営にかかる。野外ほう炊の後には分隊対抗の演芸会なども〈海上自衛隊提供〉

いざというときは、スポーツ飲料よりも真水なのである。

皆、給水所や海岸の水道に群がっていて、私がスポーツ飲料を預かっていることすら忘れているようだった。助かったというべきか、何というべきか。こうなったら、わざわざ自己申告しなくてもいいか……。

私はこの一件を胸の奥にそっと仕舞った。

第三分隊の皆さん、ごめんなさい。

踊る阿呆(あほう)にとる相撲

宿営用のテントが完成してからは、海岸で一斉に盆踊り訓練が始まった。

私の頭の中では、盆踊りといえば「月が〜出た、出た。月が〜出た。あー、ヨイヨイ♪」でおなじみの炭坑節なのだが……。

候補生学校で盆踊りといえば、なぜか阿波踊りである。

「踊る阿呆(あほう)に、見る阿呆。同じ阿呆なら踊らにゃ損、損♪」のフレーズは皆さんご存知のはず。

とくに難しい振りつけではないにもかかわらず、踊り始めるとなかなかハードな踊りだ。

曲調がアップテンポで、ずーっと手を上にあげた状態で拍子を取り続けなくてはならない。

中盤から自身の手の重みでだんだんと手が下がってくる。

ちょっと休みたいところだが、これはただの盆踊りではなく盆踊り訓練。

いいかげんにやっていると「やり直し」となり、よけいに長引く。

「ヤットサー、ヤットサー」のかけ声も、まるで号令詞のごとく発声する。

「踊る阿呆」になりきり、みっちりと訓練したおかげで、すっかり阿波踊りを覚えてしまった。

わざわざ入鹿海岸まで出向いて、阿波踊りだけで終わったわけではない。

二泊三日の幕営訓練のうち、初日の夜か二日目の夜には、相撲の教務の成果を発揮する、分隊対抗相撲大会が行なわれた。

どちらかというと余興の意味合いの強い、この相撲大会に私は第三分隊の先鋒として出場する運びとなった。

レクリエーション係からのご指名である。

「なんで私なの？」と尋ねると、「そりゃあ、面白いからに決まってるだろ！」との答え。

面白い……。なるほど。

まったく「勝ち」が期待されていないところに納得がいった。

ほかの分隊も、だいたいＷＡＶＥを先鋒にしており、中にはちょんまげのかつらを被って登場してきたＷＡＶＥもいた。

完全にウケねらいである。

砂浜に棒で描いた土俵に上がると、

「いいか、時武。勝たなくていいからな！　面白くやれ、面白く！」と趣旨のわからない応援をされた。

私はさんざん土俵の中を逃げまわったあげく、最後にちょんまげのＷＡＶＥに派手に投げとばされて終わった。

砂浜は大いに湧き、ご期待に応えて堂々の黒星を決めた。

伝馬船レース

ガチなサマーキャンプである幕営訓練二日目には、伝馬船を使っての分隊対抗レースが行なわれた。

伝馬船とは江戸時代の廻船に積まれていた小船で、親船と岸の間の連絡などに使われていたようだ。

短艇の元祖みたいなものである。

幕営訓練で用いられたのは、たらいに簡単な舵と櫓しかついていないようなシンプルなものだったように思う。

シンプルなだけに、操船は難しい。

練習で漕いでみたものの、なかなか前に進まない。それどころか、思ってもみない方向へ進んでいく。これも操船術の教務の一環なのだろうか。

どのようにして漕ぐのか揉めていたところ、二課程学生で東京商船大学（現・東京海洋大学）出身のM関候補生が、「あ、俺、漕いだことあるかも」と言い出した。

さすがは東京商船大学である。

「たしか、こうやって……」

M関候補生が櫓を手前に引いたり、押したりして、海面を掻き混ぜるようにして漕ぐと、どうにか船が前に進んだ。

おおー！　進んだー！

感嘆の声とともに、M関候補生のレース出場が決定した。

第五分隊行方不明

さて、いよいよレース開始。

沖にいる、教官たちが乗った短艇の位置まで伝馬船を漕ぎ、ひと回りして帰ってくるだけの簡単なレースだったが……。

始まってみると、これがなかなか難儀なレースだった。

まず、まっすぐに沖へ漕ぎ出せている伝馬船が一つもない。

どの伝馬船も潮に流されて、あらぬ方向へドンブラコ、ドンブラコ。

決してふざけているわけではないだろうに、傍目にはふざけているようにしか見えない悲しさ。

最初のうちは、海岸で応援していた予備員たち（大多数が予備員なのだが）も、しだいにダレてきた。

沖で待っている教官艇も、なかなか伝馬船がやって来ないので、「おーい、こっちだぞ！」と拡声器で怒鳴る有様。

M関候補生とほか一名で漕ぎ出した我が第三分隊の伝馬船も、かなり難儀していた。

しかし、海岸から船が見えるだけ、まだマシである。

同時に出発したはずの第五分隊の伝馬船などは潮に流され続けてコースを外れ、船影すら見えない。島影にでも入ってしまったのだろうか。

結局、開始からかなりの時間を経て、それぞれの伝馬船が海岸へ帰ってきた。どこの分隊が優勝したのかすら覚えていない。まったくもって、グダグダのレースだった。

しかも、船影が見えない第五分隊の伝馬船にいたっては、どこへ流されたのか行方不明。レースが終了して、皆が配食準備（野外炊事である）に入っても帰ってこなかった。

これもよく覚えていないが、夕方近くになって、やっと帰ってきたのではないだろうか。

伝馬船恐るべし、である。

江戸時代の人たちは、よくもこんな難しい船を操っていたものだ。

行方不明となり、あちこち漂流しながら帰ってきた第五分隊の伝馬船のクルーの方々、お疲れ様でした。

夏の夜の演芸大会

その日の夜は入鹿海岸で、分隊対抗の演芸大会が行なわれた。

各分隊ごとに出し物を披露するわけだが……。我が第三分隊は、この演芸大会直前まで、ほとんどネタらしいネタを考えていなかった。

さすがにこれはマズイ。

焦ったすえ、苦肉の作戦を試みることにした。

その作戦とは、ズバリ袖の下作戦。またの名をワイロ作戦と呼称する。

我が分隊の男子候補生の演芸中に、WAVEの私とK野候補生が二人で手分けして、審査員の教官たちにスイカを切って配る、というもの。

演芸のほうではなく、スイカのサービスのほうで点を稼ごうというわけだ。

あこぎな作戦だが、意外や意外。このサービスが結構効いた。

「第三分隊でーす。よろしくお願いしまーす」

にこやかに審査員席（といっても、海岸にある石段）の教官たちに配る。

「おっ、これが第三分隊の戦略か？　このサービスも込みで採点するのか？」

「込みでお願いしまーす」

肝心のネタは何を披露したのか覚えていない。

多分、寸劇か教官たちのモノマネだったような気がする。直前に仕上げたネタのわりには、作戦勝ちで二位を獲得した。

一位で優勝したのは、伝馬船レースで大苦戦していた第五分隊である。

海水パンツの上に、官品の雨衣を着込んだ数名が前に出てきて、ダンスを踊る。たったそれだけなのだが……。

夜の海岸に雨衣を着て整列した段階で、すでにウケていた。

さらにBGMが流れ始めると、あやしげな雨衣集団が、ときおり雨衣の前を開き、チラリと肌を見せて踊る。

まるでストリップショーのような雨衣ダンスである。雨衣の開閉がやけに揃っていて、そこがまたおかしい。官品の雨衣一枚で、こんなパフォーマンスができるとは！

完成度の高い（？）宴会芸に、観客一同、大いにウケた。

伝馬船レースでの大敗を取り戻した第五分隊だった。

踊らにゃ損、損

こうして、二泊三日の幕営訓練は無事に終了した。

帰路の記憶がほとんど残っていないところをみると、とくにアクシデントもなく帰ってこられたのだろう。

入鹿海岸で訓練した盆踊り（阿波踊り）の成果は、帰校後に行なわれた盆踊り大会で、みごとに発揮された。

この盆踊り大会が終われば、すぐに夏期休暇なので、皆おのずとテンションは高くなる。

普段は殺風景な第三グラウンド（三G）にも、それなりのやぐらが立ち、阿波踊りの賑やかな節回しが流れ始める。

思えば、三Gは私たち候補生にとってつらい場所でしかなかった。総員起こし後の集合に始まり、総短艇が入れば起き抜けのダッシュはここからスタート。夜は自習室で騒いだ罰として走らされたり……。

常に何らかの理由で、ひたすら走らされる場所だった。

だが、この日ばかりは一日限りの無礼講。踊る阿呆（あほう）どもが「同じ阿呆なら踊らにゃ損、損♪」と集う、祭りの場と化した。

男子候補生は分隊Tシャツに短パン。私たちWAVEは総員浴衣姿で阿波踊りに興じた。たまにはこうした息抜きも必要だろう。

夏期休暇目前の楽しい祭りの夜だった。

第3章　夏期休暇

思わぬアクシデント

長期休暇の前は、とくに入念で厳しい点検が待っている。身分証と候補生学校の連絡先を書いたメモ。以上二点の携帯は必須事項。また服装容儀に関しても、手ぬかりは許されない。

それこれも、すべては楽しい夏期休暇のため。久しぶりの実家へ、遠泳訓練を乗り切った後の凱旋帰郷である。

制服のアイロン作業にも、自然と身が入る。

いつもは遅いのに、珍しく早くアイロン作業を終えた私は、意気揚々と外出員用の木札を取りに行った。

　自衛隊では、どこの部隊でも大抵、木札による人員把握を行なっている。必ずしも木製とは限らず、プラスチック製だったりもするが、ようするに自身の名前の書かれた札である。

　この札が表向きに掛かっていれば「在」、裏なら「不在」となる。

　候補生学校の場合、週番室の近くの壁に木札を掛ける場所があった。

　普段は壁に取りつけられたガラスケースの中に並んでいるところ、この日は、すべてケースから出されて外に並んでいた。よくカフェの前に出ている、折りたたみ式の看板のようなもの。アレに総員分の木札がズラリと並んで掛かっていたのだ。

　長期休暇前だから特別なのかな？

　それにしても、総員分の木札なので、みごとな量である。

　私はどうにか自身の木札を見つけ出し、ヒョイと取ろうとした。

　ところが……。ここで思わぬアクシデントが！

　自分の木札だけ取ればよいところ、なんと看板ごと倒してしまった。その看板に掛かっていた大量の木札がバラバラとみごとに飛び散った。

　なんてことだ！　こんなところを赤鬼・青鬼に見られたら……。

　ああ、せっかくの夏期休暇がー！

私だけならまだしも、連帯責任で総員が罰直を食らうようなはめになったら、それこそ切腹モノである。

飛び散った木札を急いで拾い集めていると、不意に「時武候補生！」と後ろから声がした。

ゲッ！　終わった……。

恐る恐るふり返ると、知り合いである第三学生隊のK塚候補生が立っていた。

ああ、よかった。とりあえず赤鬼・青鬼ではない。

「いったい何をやってるんですか？」

K塚候補生は目を見開いて驚いている。

見ればわかるでしょう？　木札をばら撒いちゃったんですよ。

「こんなところ、幹事付に見つかったら大変ですよ！」

わかってますって。だから、焦ってるんですよ。

何も言わなくても、私の表情からすべてを読み取ったらしく、K塚候補生はいそいそと木札拾いを手伝ってくれた。

「まったく大胆なことをしますねえ、時武候補生は……」

まさに地獄に仏。

部隊でベテラン海曹として勤めてこられたK塚候補生は実に手際よく木札を拾い集め

て、元の位置に戻してくれた。

この作業中に赤鬼・青鬼が出現しなかったのは、不幸中の幸いとしか言いようがない。

「K塚候補生、ありがとうございます」

K塚候補生の出現に心から感謝したのだった。

日本人ではない？

思わぬアクシデントに見舞われたものの、どうにか夏期休暇が許可された。

ゴールデンウィーク休暇の際は、江田島で一日ブラブラしてから出発した。しかし、今回は一刻も早く出発したかった。ブラブラしていて、また思わぬアクシデントに見舞われたのではかなわない。

おみやげのもみじ饅頭やら何やらを買い込んで、広島駅から新幹線に飛び乗った。それでも、新横浜に着いたのは、夕刻だった。

電車を乗り継ぎ、実家へ帰ると……。

久しぶりに会う家族の、私を見る目がおかしい。

「どうしたの？　ただいま！」

皆、呆気に取られたような、疑わしそうな顔つきで私を見ている。

「本当に、りほなの？」

「そうだよ。りほだよ！」

ほかに誰がいるというのだ。

「なんだか、日本人じゃないみたい」

日本人だよ！

しかし、この一言で、家族が私を疑わしく思っている理由がわかった。遠泳訓練のおかげで、かつてないほど日焼けして帰ってきたので、すっかり驚いてしまったらしい。

候補生学校にいるときは、右を向いても左を向いても「逆パンダ」ばかりだったから、違和感はなかった。だが、こうして一般社会に帰ってきてみると、「逆パンダ」は明らかに浮いている。

うっすら「逆パンダ」ならば、まだ可愛げがあろうものだが、こんなにくっきりはっきりした「逆パンダ」はそうそういない。

「日本人じゃないみたい」という家族の反応もうなずける。フィリピンとかタイとか、そのあたりの国の人に見えるのだろう。

「こんなに焼けちゃって、元に戻るのかしら？　今からでも遅くないから、日焼け止めを塗りなさい」

いや、もう遅いでしょ。

遠泳訓練で八マイルを完泳したというみやげ話はどこへやら。家族の関心は、外国人と化した娘が無事に日本人に戻るかどうか、にさらわれてしまった。

久しぶりに会う大学時代の友人たちとは新宿駅の西口で待ち合わせたのだが、こちらも最初は思いきり素通りされた。

「ちょっと、ちょっと。私だよ、私」

慌てて呼び止めると、「やだあ。全然わからなかったよ」と笑われた。

知らない人がしきりに手を振っているので無視して通り過ぎようとした、とのこと。ひどい。

しかし、こちらでは八マイル完泳の話題は大いにウケて感心された。

「まったく泳げなかったりほちゃんが……。すごいね」

「これからどんな訓練があるの？」

これからの訓練？

そうか。いくら夏の天王山を越えたとはいえ、三月の卒業まではまだまだたくさんの訓練が残っている。

とりあえず気がかりだった遠泳訓練が終わって、すべてが終わったような気がしていた。

「さあ、これからはどんな訓練があるんだろうねえ？」

私は他人事のようにつぶやいたのだった。

曽祖父の写真

私の祖父は日本郵船の機関士で、曽祖父は機関長だった。横浜では結構大きな船に乗っていたらしい。私が生まれる前に、すでに祖父も曽祖父も亡くなっていたので、私は写真でしか二人の顔を知らない。

私が海上自衛隊に入った最大の理由は「制服が格好いいから」だが、もしかしたら、無意識のうちに船乗りだった二人の影響があったのかもしれない。

夏期休暇で久しぶりに実家に帰り、祖父の遺していたアルバムを見て驚いた。

「おお！　おじいちゃんも私と同じような訓練をしてたのか！」

それは東京高等商船学校時代（旧東京商船大学の前身校）の写真だった。

今でいう卒業記念アルバムだったらしく、商船学校で行なわれた様々な実習のスナップ写真（もちろん白黒！）が、一冊に編集されていた。

上下とも白の作業服に身を包んだ学生たちが帆を張った短艇に乗り込んで作業をしている。

写真には「前帆突キ出セ！」という号令詞も添えられており、なかなか凝った編集である。片仮名混じりになっているところがまた時代を感じさせる。

おそらく帆走巡航の写真だろう。ガチなサマーキャンプ、いや、夏の幕営訓練を終えてきたばかりの私にはとても共感できる写真だった。

「前帆突き出せ！」の号令は、今も使われている。

どんな実習だったのか、生きていればぜひ話を聞きたいところだが、迂闊なことを口走ったら「バカ者！」と一喝されそうでこわい。

そんな祖父の軍歴だが……。

実は祖父には軍歴らしい軍歴がない。

なぜなら、戦争が始まる前に病死したからである。

「海軍予備砲術中尉を命ずる」という辞令の紙は残っているので、海軍に配属となったことはまちがいない。

だが、ほとんど海軍勤務はしていなかったようだ。

幸運だったのか、不幸だったのか……。

もしも海軍勤務をしていたら、海軍兵学校出の士官の下で、戦艦の機関科配置にでもついていたのだろうか。

存命していた期間が短かっただけに祖父の写真は少なく、どちらかというと曽祖父の写真のほうが多かった。

こちらは機関長だっただけあって、かなり貫禄がある。

船のデッキの上で、外国人の船長らしき人物と一緒に写っている写真が特に印象的だった。

ゆったりしたアームチェアに足を組んで座り、二人で何やら楽しそうに談笑している。

あごひげをたくわえた曽祖父の後ろには、船の名前の入った救命用の浮き輪が写っている。

「TAIYOUMARU」と書かれていたように思う。

「太陽丸」もしくは「大洋丸」という名前の船だったのだろうか。日付が入っていないので、いったいいつの写真なのか分からないのも、残念なところだ。

しかし、私はこの写真がとても気に入り、「お守り」として江田島の候補生学校へ持って帰ることにした。

新横浜のホーム

約一〇日間の夏期休暇は短いようで、本当に短かった！

前半こそ久しぶりに会う友人たちとの再会で盛り上がったものの、後半はほとんど寝倒して終わってしまった。

今にして思えば実にもったいない。

しかし、これから再び始まる怒濤の日々に備え、あらかじめ寝て体力を温存しておくというのも一手。ある意味、立派な戦略だったのかもしれない。

帰校手段は、また新横浜から新幹線である。

不思議なもので、候補生学校を卒業して二〇年以上も経つのに、いまだに新横浜の駅に行くと、わけもなくどんよりとした不安に襲われる。

帰省の際も新横浜を使うのだから、久しぶりに実家へ帰る喜びの気持ちが再現されてもよさそうなものだが……。

休暇の喜びよりも、再び江田島に帰らねばならない悲壮感のほうが、脳にくっきり焼きついて離れないのだろう。

少し早めに家を出発して、見送りに来てくれた父とともに、駅のコーヒーショップでコーヒーを飲んだのを覚えている。

なにしろ気分が沈んでいるので、どうしても無言になってしまう。

俯いたままコーヒーを啜っていると、父が「これ、向こうで遣えよ」と財布から一万円札を出してきた。

「いや、こんなに貰えないよ」

本来なら私が親に小遣いをあげるべき立場である。

慌てて断ると、父は「いいから！」と無理矢理私の手に一万円札を握らせた。

「……ありがとう」

ありがたいやら、申し訳ないやら。いろいろな気持ちが一気に込み上げてきて、余計につらくなった。

祖父が戦争前に病死してから、長男だった父はずっと苦労の連続だった。疎開先では食糧難で、ろくに食べられず、いつもひもじい思いをしていたらしい。

終戦後も祖母一人の働きではとても食べていけず、父は家長として幼い弟妹を含む一家五人の生活を支えねばならなかった。

祖父が戦死ではなく病死だったため、軍人恩給は一切出なかったという。

そんな父から……。今まで働きづめに働いてきた父から、お小遣いを貰うなんて！

頭を下げながら、粛々と新幹線に乗り込んだ。

発車とともに、わざわざ入場券を買ってホームまで来ていた父の姿が、ゆっくり遠ざかっていく。

崎陽軒のシュウマイの赤い看板が、涙でうっすらと滲んで見えたのを覚えている。

ふたたび江田島

夏の帰省で里心がつき、休暇が終わっても帰ってこない候補生がたまにいるらしい。

だが、私たちの期は総員が帰校し、無事に後期の教務がスタートした。

どの顔も日焼けの痕がなかなか取れず、久しぶりの「逆パンダ」大集結である。

第三分隊の休憩室には、全国各地のお土産も大集結した。長崎からカステラ、岡山からきびだんご、東京からは東京バナナ、その他各地のご当地饅頭。

私は地元鎌倉の鳩サブレーを持参した。

休憩室の中には大きなソファと洒落たサイドテーブルがあり、そこに各種お土産を並べて、ちょっとした物産展のようだった。

今はこうした分隊休憩室は存在しないのだろうか。私たちの時代はまだ赤レンガの中に休憩室が残っており、分隊員同士の交流の場として使われていた。

自習室で騒いでいて三Gを走らされた記憶はあるが、休憩室でお土産大会を開いていて怒られた記憶はない。

休憩時間の休憩室には、さすがの赤鬼・青鬼もやってこなかったように思う。

第４章　〈かとり〉で護衛艦実習

いよいよ護衛艦実習へ

海上自衛隊の主力部隊は、なんといっても艦艇部隊である。

江田島の幹部候補生学校は海上幹部自衛官としての素養はもちろん、一人前の船乗りとしての素養を養うために存在する。

そのため、赤レンガの校舎全体を艦に見立てて、右舷側に奇数分隊、左舷側に偶数分隊の自習室を配置していた。

実際の艦艇でも「右舷が奇数。左舷は偶数」は大原則。掃除もすべて「甲板掃除」と呼称する。

陸上(おか)にありながら、艦艇に乗組んでいるかのような教育がなされていた。

……以上の話は以前もしたように思うが、念のため。

前期は右も左も分からなかった二課程学生たちも、後期に入るとさすがに少しずつ要領がつかめるようになってきた。

まるで、そんな頃合いを見計らったかのように組まれていたのが、護衛艦実習のカリキュラムである。

いくら候補生学校で艦艇勤務を学んだところで、やはり実際の艦艇に乗組んでみなければ実情は分からない。さあ、みんなで乗ってみよう！　というわけだ。

当時、私たちが護衛艦実習で乗った練習艦は三隻。

呉の第一練習隊所属の練習艦〈かとり〉、〈やまぐも〉、〈まきぐも〉だった。（どの艦も除籍となってしまい、今は存在しない）

護衛艦実習は一課程学生と二課程学生別々の時期に行なわれた。

私たち二課程学生の実習は夏期休暇が明けてすぐの頃だった。二課程学生総員が三隻の練習艦に分乗し、最初は二泊三日程度の実習に参加する。

私はいったい、どの艦に乗るのだろう？

べつにどの艦に当たったところで大した違いはない。分かってはいても、やはりドキドキする。

著者が護衛艦実習で乗った練習艦〈かとり〉（TV-3501）。1969年の就役から練習艦隊直轄の旗艦として初任幹部の遠洋練習航海に活躍、1995年からは第1練習隊に所属して日本近海での練習航海に従事、1998年に除籍。基準排水量3350トン、全長128メートル、最大速力25ノット、乗員460名（うち実習員165名）〈米国防総省提供〉

護衛艦の艦橋で実習中の幹部候補生（手前の3名）。操艦者を補佐する役の彼らは、ベクトル計算と作図により乗艦の最適な針路を導き出そうとしている〈海上自衛隊提供〉

結局、学校側と第一練習隊側で割り振られた私の初乗艦は、〈かとり〉だった。〈かとり〉はそれまでずっと、候補生たちの卒業後の遠洋練習航海実習で外洋を回ってきた練習艦である。

老朽化により、護衛艦隊の護衛艦から「練習艦落ち」した〈やまぐも〉や〈まきぐも〉とは違う。当初から練習艦として設計された、生粋の練習艦なのだ。

最大の特徴は、蒸気タービンのエンジンだろう。すでに主流はガスタービンエンジンという時代に、敢えて蒸気タービン！

しかし、蒸気タービンゆえの特典はあった。なにしろ原動力が蒸気であるため、他の艦に比べると真水管制がゆるい。

「『かとり』なら、航海中にお風呂にも入れちゃうらしいよー」

そんな噂も飛んだ。

初めての護衛艦実習で〈かとり〉に当たるなんてラッキー！

浮足立つ気持ちに蓋をするかのように、分隊長のS本一尉から護衛艦実習における示達が、淡々となされた。

「いいか。これから航空部隊を希望する者も、経理・補給等の後方部隊へ回る者も、海上自衛隊の基本は艦艇だ。艦艇勤務の何たるかを体得しなければ、どこの部隊へ行っても通用しない！」

S本一尉自身も本来は哨戒機のパイロットでありながら、こうして船乗り教育の元締めたる幹部候補生学校に勤務している。

「俺の経験から言うと、護衛艦実習における必需品は、よく泡が立つ垢すりタオルと釣り具屋で売っているような小型のペンライトだな」

示達の最後にS本一尉がつけ加えた。

釣り具屋？　ペンライト？

垢すりタオルは分かるにしても、「釣り具屋で売っているペンライト」の用途がよく分からない。

まあいいや。とにかくS本一尉が「必需品」だと仰るのだから、用意しておこう。休日に釣り具屋を探して、それらしきペンライトを購入したのだった。

船乗りの躾事項

練習艦〈かとり〉で主に私たちの指導に当たったのは、初任三尉の指導官の方々だった。

とくに船務士でWAVEのI川三尉は、ハキハキとした物言いで印象的だった。ショートカットの髪に〈かとり〉の部隊帽をきゅっと被り、颯爽と艦内を案内してくれた。

まずは、ラッタルの上り下りから。

ラッタルとは、梯子式の階段である。狭い艦内では階段のスペースを充分に取れないので、固定された梯子を階段のように使う。

上るときは両側についている手すりを順手で、下りるときは片方は順手、もう片方は逆手で握る。

途中でうっかり足を踏み外しても順手か逆手かどちらかの手で、必ず手すりにしがみつけるので、落下せずに済む。

これは基本の躾(しつけ)事項だ。

次にWAVE居住区。

これは艦内後部にあり、思ったより広くて驚いた。逆にいえば、この後の護衛艦実習で〈やまぐも〉に乗り込んだ際、その狭さに驚くのだが……。

ベッドは三段ベッド(もしかしたら二段だったかもしれない)で、海曹士の方々と実習員の寝室は別になっていた。

ベッドの下部に共用の引き出しと、個別のロッカーが一つ。

これが居住区の「収納」のすべてである。どんな人でも、強制的にミニマリストにならざるを得ない。

最初の護衛艦実習は二泊三日程度なので、どうにか耐えられないこともなさそうだが……。卒業後の国内巡航や遠洋航海のことを思うと気が遠くなりそうだった。

「浴室はここ。『かとり』は他の艦に比べると真水が豊富だけど、無駄遣いは駄目」

I川三尉がテキパキと説明する。

まずはできるだけ泡立てたボディーソープを身体に塗る。その後、できるだけ少ない真水で手早く泡を流す。洗髪も同様。

泡立てる、塗る、流す、は船乗り共通の躾事項。S本一尉が「よく泡立つ垢すりタオル」を必需品に挙げていた理由が分かった。

さて、では「釣り具屋で売っているようなペンライト」の必要性とは？

それはこの後の夜間航海訓練(ナイトトランジット)で明らかとなるのだった。

これが艦(かん)メシだ！

初めての護衛艦実習の主眼はおそらく、艦艇勤務とはどのようなものか体験するところにあったのではないだろうか。

今にして思えば、二泊三日程度の実習など、まったくの「お客様」状態である。指導官に声を荒げて怒られることもなかった。睡眠不足で、気がつけば海図台(チャート)に突っ伏して寝るような事態も発生しなかった。

記憶に残っていることといえば、「艦(ふね)のご飯て美味しい！」くらいである。いわば艦艇勤務のおいしいところだけつまみ食いして帰ってきたようなもの。本当にありがたい実習だった。

さて、艦メシだが……。

当時は朝食、昼食、夕食、夜食、の四食が基本だった（今は、夜食が出ない艦が多いようだが）。

朝は六時、昼は十一時、夜はなんと四時（！）が配食始めの時間である。夜食は主に、夜間当直に当たっている者のために出される。七時か八時くらいに出されていたのではないだろうか。

朝食はだいたい、味噌汁、魚一切れ、卵、ご飯といった典型的な和食メニューである。昼食になると、ロースカツとか鶏の唐揚げとか、ガッツリ系のメニューとなり、この勢いのまま、夕食もガッツリ系。

夜食は親子丼とか、うどんなど。

ざっと挙げただけで、お分かりいただけるかと思うが、高カロリーなメニュー満載である。

いくら艦艇勤務がキツいとはいえ、狭い艦内を行ったり来たりするだけで、毎食きちんと完食していたら大変な事態になる。

艦艇乗りが定年で艦を降りた途端、身体をこわすのもうなずける。

しかし、私たち候補生は、たかだか二泊三日の「お客様」。豪華な艦メシを大いに堪能した。

実習員は基本的に科員食堂で、艦の乗員たちと一緒に喫食した。

アルミ製のワンプレートのお盆に、おかずとご飯を好きなだけ盛って空いている席に着く。テーブルは一台につき四人〜六人掛け。

初めて食べる艦メシに大興奮の私たちの横で「かとり」乗員の方々は、黙々とした早食いに徹していた。

それぞれ当直交代の合間を見ての食事なので、忙しいのだろう。入れ替わり立ち替わり席に着いては、ざっと食事を済ませて出ていく。

ずいぶん回転が早いなあ。

圧倒される食事スタイルだった。

士官室作法

乗員の方々は科員食堂での喫食だが、幹部は士官室での喫食となる。実習員の中からランダムに選ばれた数名が士官室での喫食に参加する運びとなった。

学校の職員室に入りづらいのと同様、実習員にとっても士官室は入室しづらい場所である。できれば参加したくないが……。

そういう時に限って当選するのが、私の持ち味である。

「くれぐれも失礼のないように行って来いよな」

班長に念を押され、私と同様にランダムに選ばれた六名は、それぞれ内輪で担当を決めた。

手段はもちろん、ジャンケン。

といっても昼食担当と夕食担当のどちらがいいのかなんて分からない。結局、勝った三人が昼食担当、負けた三人が夕食担当となった。

小学生の頃からジャンケンに弱い私は、すぐに負けて夕食決定。

夕食といっても、午後四時の配食始めである。

早い。早すぎる！　さっき昼食を食べたばかりなのに。お腹なんて空かないよ。

しぶしぶと向かった士官室だったが、夕食の匂いが漂ってくると不思議と「食べられなくもないかも？」という気がしてくる。

「実習員時武候補生、他二名。士官室作法の件で参りました！」

入室の挨拶をして士官室に足を踏み入れると、艦長と立直中の幹部以外の幹部の方々がすでに集まっていた。

　赤い絨毯の敷かれた士官室の中には、白いテーブルクロスの掛かった長テーブルが二台。艦長席のあるA卓の上座から序列順に座り、A卓に座りきれなかった幹部はB卓の席につく。

「実習員の席はこっち」

　B卓についていたWAVEのI川三尉がいそいそと案内してくれた。

　ゲッ。こんな上座に？

　案内された席は、なんとA卓で、副長と機関長の次の序列に当たる席だった。実習員はせっかくだから艦長と話をしなさいというコンセプトらしい。

　せっかくだからと言われても、初対面の艦長と、いったい何を話せばいいんだ？

　チラリと横を見ると、少なくとも私よりは話術に長けていると思われる男子候補生が二名。

　よし。この二人に任せよう。心を決めて席に着くと、士官室係の士長がお茶を運んできた。

　いいですよ。お茶くらい自分で淹れますよ。

　なんだか申し訳ない気分で、恐縮して頭を下げる。

　すると、まるで私の心の内が分かったかのように「二杯目からは、あちらで」と、テーブルの真ん中にある大きな土瓶を案内された。

そうそう。置いといていただければ、こちらで勝手にやりますから。

土瓶の隣には大きなお櫃が据えてある。

このままだと、ご飯までよそわれてしまうかも？　先手をうって自分でやろうとすると、

「ああ、時武候補生！　ご飯は序列の高い人から！」

すかさず、B卓のI川三尉から「待った」がかかった。

まるで、私がガツガツしているみたいに見えちゃったかな？　恥ずかしくなって俯いているうち、艦長が入ってこられた。

「艦長入られます。気を付け！」

I川三尉の号令に、皆、一斉に背筋を伸ばす。

しかし、艦長は「いいから。いいから」といったふうに手を振って、ゆったりと艦長席に着いた。いわゆるA卓の「お誕生日席」である。艦長には艦長専用のお櫃と急須がついていたように思う。

艦長が専用のお櫃からご飯をよそうと、続いて副長がA卓のお櫃からご飯をよそう。

続いて機関長。

「ほら、実習員も」

機関長に勧められて、恐縮してご飯をよそう。

魚をひっくり返してはならない

さて、この日の夕飯のおかずは魚だった。何の魚だったかは残念ながら覚えていない。魚の食べ方で育ちが分かるとはよく言われるが、私が思うに育ち云々よりも、器用か不器用かがよく分かるのではないだろうか。

見苦しくならないような箸さばきに気を取られて、艦長との会話どころではない。悪戦苦闘しているうち、どうにか魚の表を完食。

さて、裏面を……。

くるりとひっくり返そうとした矢先、なんと艦長から「待った」がかかった。

「艦では、そういうふうに魚を食べない。裏を返すのは、艦が転覆するみたいで縁起が悪いからね。まあ、迷信みたいなものだが……」

艦長は笑いながら、お茶を啜っておられる。

へええ、なるほど。「魚をひっくり返す」は、「艦がひっくり返る」意味につながるのか。

じゃあ、この魚はどうやって？

周りを見渡せば、皆、器用に箸を使って表から食べている。

私と一緒に士官室作法に来た男子候補生たちも、私が先陣切って注意されたおかげで、表から頑張っている。

しかし、裏を返さずに食べるのは、なかなか難易度が高い。ますます会話を楽しむどころではない。

肝心の艦長のお話も上の空で箸さばきに夢中になっていると、不意に士官室のテレトークのスイッチが入った。

「変針十分前になりました。○○島を○○度、○○マイルに見て……」

どうやら艦橋の副直士官から艦長宛てに変針報告らしい。

艦長は食事をしながら副直士官の報告に耳を傾けている。

「了解」

艦長が片手を挙げると、すかさずI川三尉がテレトークの位置まで走り、「艦長了解です」と告げる。

ちなみに、このテレトークは艦長室にも付いている。艦長がどこにいようと、航海中のあらゆる報告は艦長の元に集まってくる。その一つ一つに耳を傾け、判断を下すのが艦長の務めである。

本当に気が休まる暇もないだろうが、傍目には少しもそんなふうに見せず、泰然と構えていなければならない。決して楽なポジションではない。

「さて、そろそろ（艦橋に）上がるかな」

艦長はゆっくりと席を立った。

「艦長、上がられます！」

I川三尉の号令に、どうしたものか分からず、半分腰を浮かせる実習員たち。

「ああ、いいから、いいから。君たちは、もう少しゆっくり食べていなさい」

お言葉に甘え、私はもうしばらく魚と格闘し、無事完食したのだった。

夜間航海訓練（ナイトトランジット）

艦の夕食は四時だが、艦にとっての「夜」は日没からスタートする。

航海灯を点けたり、艦内では灯火管制が行なわれる。イカ釣り漁船のように盛大にライトを点けて夜の海を航海る（はしる）わけにはいかないので、航海灯以外の灯火は艦外に漏れぬよう、赤で遮光するのだ。

夜の航海当番（ワッチ）で艦橋に上がる際も、赤いテープで遮光した、ミニライトを携行する。

このミニライトこそ、事前に釣具屋で購入したライトである。これを作業服の胸ポケットに差して艦橋に上がり、必要なときに点灯する。夜の艦橋の暗がりの中、ポツポツと浮かぶ赤い遮光ランプの光は幻想的でさえある。

さすがに海図（チャート）台の上だけはライトを点けるが、台の周りには遮光カーテンが引かれる。この狭い空間に籠っていると、夏場は暑くてたまらない。

冬になると逆に暖かいのだろうか？

そんなつまらないことを考えながら、夜間航海（ナイトトランジット）訓練に参加した。

参加といっても、この時は初めての実習なので、主に見学である。それまで候補生学校で習った艦艇勤務の号令詞が実際に使いこなされている現場を目にして、「おおー！」と感動したのを覚えている。

この時の〈かとり〉は旗艦であり基準艦だったので、陣形運動の際は指令を流す立場にあった。

〈かとり〉乗艦中の第一練習隊司令の隊付（たいづき）から、陣形を動かす指令が出される。その指令を個艦の〈かとり〉として受け取り、僚艦とともに指令どおりの陣形を作る。たったそれだけだが、陣形一つ動かすにも、隊全体の呼吸、個艦の乗員たちの呼吸を合わせた連携プレイが要求される。

艦艇勤務は究極のチームワークなのである。

艦橋での号令詞の流れをざっと追ってみると……。

副直士官「隊起信、指令発動法『○○××』！　下令されました！　艦長！」
艦長「了解！」
副直士官「当直士官！」
当直士官「了解！」

と、こんな具合で、いちいち艦長と当直士官の了解が必要となる。次に、指令が発動になると……。

副直士官「発動になりました！『○○××』！　艦長！　当直士官！」

すぐに陣形変位運動に入らなければならないので、艦長と当直士官も片手を挙げるだけの「了解」で、艦橋は俄然忙しくなる。

この時は正直、どんな運動が行なわれていたのか、あまり覚えていない。

しかし、「なんか、すごいぞ」という新鮮な驚きは覚えている。

「艦橋リコメンドコース○○度！」

計算した針路を叫ぶ副直士官。

「面舵を取って、○○度とします。艦長！」

伺いを立てる当直士官。

艦長は艦長席で腕組みをしたまま「よし、やれ」の一言。

ここで初めて当直士官による、

「おもーかーじ！　〇〇度ヨーソロー！」

の操艦号令となる。

操舵員はただちに復唱して舵輪を回す。

「ヨーソロ〇〇度！」

コースに乗ったところで操舵員が報告を上げる。

「ヨーソロー！」

ここで当直士官が了解して初めて一連の陣形変位運動が完了する。

ちなみにこの「ヨーソロー」という号令は「宜(よろ)しい候(そうろう)」の略だといわれている。

「〇〇度でよろしいか？」，

「よろしいでしょう。〇〇度にしましたよ」

「よろしい！」

このような流れである。

面舵一つ取るのに、これだけの行程を経て、しかも面舵を取ってからも何度も「ヨーソロー」と確認しなければならないなんて。

艦(ふね)って大変！
当時の正直な感想である。

第5章　地獄の陸戦訓練とホトケの機関実習

戦闘服の貸与

護衛艦実習を終えて、まもなくのこと。

私たちに戦闘服の貸与が始まった。見るからに丈夫そうなカーキ色の上下に帽子、ライナー（ヘルメット）、半長靴。

我が第三分隊の二課程学生であるT木候補生は、この装備を見て「おお！　いよいよ始まるか」と異様にテンションを高めていた。

それもそのはず。

T木候補生は、元々陸上自衛官として訓練・勤務した後、海上自衛隊の幹部候補生学校に入校してきた経歴の持ち主なのだ。

カーキ色の装備は、古巣である陸上自衛隊を思い出させるのだろう。

当然、陸上自衛隊での戦闘訓練経験者なので、これから先どんな訓練が待ち受けているのか、誰よりもよく分かっていたと思う。

私も入校する前に、一期上のＷＡＶＥの先輩方から〈陸戦〉の噂は聞いていた。

候補生学校から原村の演習場へ移動し、三泊四日をかけて戦い抜くのである。

野外戦闘もキツイが、帰りの行軍（原村演習場から候補生学校までの約四二キロをフル装備で歩いて行進する）はさらにキツイとのこと。

江田島の訓練生活において夏の天王山が遠泳訓練だとすれば、秋の天王山は、まさにこの野外戦闘訓練。

これさえクリアすれば、あとはもう怖いものはないといっても過言ではない。いよいよ、そんな〈陸戦〉の季節がやってきたのである。

とはいえ、戦闘服が貸与され始めた当初は、物珍しさで私もテンションが上がっていた。

ただ、半長靴に関しては履き方もよく分からなかった。

Ｔ木候補生によれば、「半長靴は大事。これが足に合ってないとすごく苦労するから、合わなかったらサイズ交換してもらうとか、慎重になったほうがいい」とのこと。

「へぇえ」の一言に尽きる。

そもそも〈半長靴〉って何？　という話になるが、〈はんながぐつ〉ではなく〈はんちょうか〉と読む。編み上げ式のショートブーツだと思っていただければ間違いない。サイズは大きすぎても小さすぎても駄目。とくに大きすぎると中で足が動いてしまい、靴擦れしやすく、泣きをみる羽目になる。

とはいえ、オーダーメイドではないので、そこまでぴったりのサイズはない。どうにか普段のサイズと同じサイズの半長靴で大丈夫そうだったので、これでいくことにした。

普段と違う装備なので、この装備で受ける初めての〈陸戦〉の教務を楽しみにしていたが……。

先に受講した他の教務班のＷＡＶＥたちの反応があまりにシリアスだったので、急に恐ろしくなった。

「ほんっとにキツイから気を付けたほうがいいよ。生半可な気持ちでやってると死ぬよ」

そんな「死ぬよ」って……。いったいどんな教務なんだ？

サバイバルゲームのちょっとすごいバージョンという程度の認識だった私は、戦々恐々として初の〈陸戦〉の教務に臨んだのだった。

匍匐前進三パターン

今にして思えば、つくづく詰めの甘い装備だったと思う。貸与された戦闘服に何のカスタマイズも施さず、そのまま装着しただけで集合したのだから。

場所は炎天下の一Ｇ（第一グラウンド）。芝生があるので、多少は和らぐものの、充分に厳しい暑さだった。

これから何が行なわれるのか、今一つ分かっていない私たち第五教務班（第三分隊と第四分隊の二課程学生から成る教務班）は、総員ポカンとした表情で整列した。

〈陸戦〉担当の教官は、新任のＫ泉二尉。

細身ながら、いかにも体力がありそうな若手教官だった。

「今日はまず、匍匐（ほふく）前進の演練を行なう。まずは第一法から！」

匍匐前進とは、わざわざ説明するまでもなく、敵の目を逃れるために姿勢を低く保ちながら前進する方法である。

海上自衛隊で習うのは、匍匐第一法から第三法まで。しかし、これが陸上自衛隊になると第一法から第五法まであるという。さすがである。

ちなみに第一法から第三法まで、数が大きくなっていくほど、姿勢は低くなり、敵に対する警戒度は上がっていく。

さて、第一法とは……。

片手の掌を地面につけて上体を起こし、腰から下を引きずるようにして前に進む。

続いて第二法は、片肘を地面につけて上体を起こし、同じく腰から下を引きずるようにして進む。

そして第三法になると両肘を地面につけて、まさに這うようにして前に進む。

正直、どの態勢もつらい。

最初の教務で私たちは、この第一から第三までの匍匐前進を習い、灼熱の一Gを這いまわった。もちろん六四式小銃を携えて、である。

なにしろ装備が甘いので、途中で戦闘服のズボンは落ちてくるわ、ライナーが傾いて前が見えなくなるわ、散々だった。

横一列になって一斉に前進しなければならないところ、どうしても他のみんなについて行けず、遅れがちになる。

するとすかさず、ピー、ピッピッーと笛を吹かれて、最初からやり直しとなる。

「第五教務班、前へ！」

この「前へ！」の号令を何度くり返されただろうか。

一Ｇを縦断して岸壁のダビットを目指し、ひたすら前進。戻っては前進。また前進である。

〈陸戦〉の教務は、たいてい二コから四コマ続けて行なわれるので、ほぼ半日がかり。教務が終了するころには、身体中の水分が抜けて、干からびるのではないかというくらいの汗をかいた。

体重も軽く一キロは減ったのではないだろうか。（大袈裟か？）

疲労のあまり、教務終了後は同期同士で顔を合わせてもお互い無言の有様。

「これくらいで音を上げてどうするか！　陸上自衛隊ではこの程度の訓練なんぞ朝飯前なんだぞ！」

新任教官ばかりが元気で、かえって恨めしいほどだった。

それにしても、こんなキツイ戦闘訓練（この日は実質、匍匐前進の練習をしただけなのだが）を日常的にこなしている陸上自衛隊の方々って、いったいどんな超人なんだ？

陸上自衛隊の方々につくづく尊敬の念を抱いた次第だった。

束の間の休息？　機関実習

〈陸戦〉の教務を地獄とするなら、同じ時期に組まれている〈機関実習〉のカリキュラムは、まさに地獄に仏といったところだろうか。

〈陸戦〉の教務がたけなわとなる前に、ちょうど小休止のような形で、私たちは横須賀の第二術科学校に約一ヵ月ほど滞在して実習をする運びとなった。

正直、苦しい〈陸戦〉から逃れられるなら、どこだって天国である。私たちは「助かった！」とばかりに荷物をまとめて、横須賀に移動したのだった。

しかし、ここでお約束の失敗が……。

作業服の作業帽をパッキングし忘れたのである。

横須賀への移動中に、この事実に気がついたときの絶望感はハンパではなかった。

移動は制服に制帽だから問題はない。第二術科学校着校時の挨拶も制服だから、これもクリア。問題は、いざ実習開始となったときである。

そもそも機関科の学校なのだから、まずはエンジンを分解して……という作業になるだろう。すると当然、作業服への着替えは必至である。

一般社会ならいざしらず、自衛隊での作業時に無帽はありえない。

ああ、やってしまった！　やばい……。やばいよ！

移動の最中、私の頭の中は「作業帽をどうするか？」で一杯だった。

せめてもの救いは、作業服の上下はちゃんとパッキングしてきた点であるが……。

そこまでパッキングしたなら、ついでに帽子もパッキングしとけよ！　と自分で自分にツッコミを入れたくなる。

誰かに相談したいところだが、いかにも自分のバカさ加減をさらすようで、気が引ける。

一人で悶々と悩んだ末、私は唯一の解決策を思いついた。

ＰＸ（購買）である。

江田島のＰＸには、たしか作業帽が売っていた。ならば、きっと横須賀のＰＸにも作業帽が売っているはず……。

今は候補生の作業服と海曹士の作業服は色もデザインも別になっているが、当時の候補生の作業服は海曹士と同じデザインだった。当然、作業帽も共通である。あるはずだ。きっと横須賀のＰＸにも海上自衛隊共通の、錨マークの入った作業帽が！

よし。着校の挨拶を終えたら、最初の休憩時間に横須賀のＰＸで作業帽を買おう！

私は移動の最中、まんじりともせずに、決意を固めたのだった。


作業帽ゲット！

よく考えれば、ばかばかしい決意である。

だった。

しかし、散々、江田島で厳しい服装容儀教育を受けてきた身にとっては、切実な問題

第二術科学校に着校するなり、私は（傍目に分からないように）キョロキョロとＰＸを探して、位置を確認した。

着校挨拶は、学校内の広い講堂で行なわれたように記憶している。

二課程学生総員で整列して、第二術科学校側の訓話を聞いた。

内容はほとんど忘れてしまったが、「本校では自主自律の精神を重んじる」というところだけは、今でもしっかり覚えている。

たしか「自主自律」と書かれた額が、壁に掛かっていたのではないだろうか。

とにかく作業帽の件で頭がいっぱいだった私は、訓話が早く終わってＰＸに走ることばかりを考えていた。

訓話が終わると、まずは宿舎に案内され、そこで身辺整理の時間が設けられた。

今だ。今しかない！

私は早々にベッドメイキングを済ませ、ＰＸへと急いだ。

なにせ慣れない場所で勝手が分からず、しかも、パンプスなので坂道は非常に歩きづらい。

はやる気持ちをよそにＰＸまでの道のりは遠く、私は忘れ物をした自身の愚かさをつ

くづく恨んだ。

江田島からはるばる横須賀までやってきたのに、着いて早々に買い出しとは情けない。とはいえ、歩いているうちに、この横須賀で幹部候補生の筆記試験や身体検査を受けた際の記憶がよみがえってきた。

懐かしいなあ。あれからまだ一年も経っていないのに、ずいぶん昔のことに感じる……。

ようやくＰＸに辿り着くと、そこには果たして錨マーク入りの作業帽がしっかりと売っていた。

あった！　あったよ。助かった！

作業帽をみつけて、これほど喜ぶ自衛官もそうそういないだろう。

余計な出費といえば余計な出費だが、背に腹は代えられない。私は急いでレジに走り、新品の作業帽を抱えて、いそいそと隊舎に戻ったのだった。

ところ変われば……

新品の作業帽を手に入れた翌日から、早速実習が始まった。実習は作業服で行なうので、早くも作業帽の出番である。

手に入れておいてよかった！

つくづくそう思った次第だったが、何日か経つにつれて、「あれ？ もしかしたら、あんなに切羽詰まって買わなくてもよかった？」と思うようになってきた。

無論、「外を歩くときは着帽」が大原則なのは、第二術科学校でも同じなのだが……。江田島に比べると、服装容儀に関する意識が、横須賀は若干自由な雰囲気なのだ。すれ違いざまの挙手の敬礼にしても、気づかない人が多い。江田島での「欠礼したら一大事！」というピリピリした緊張感は、ほとんどない。

だからといって「無帽で歩いてよい」とは決してならないが、学校全体に「そんな細かいことどうでもいいじゃん」という大らかな気風が漂っている。

あのピリピリとした江田島との差は何なんだ？ 考えているうち、ふと着校時の学校側の訓話を思い出した。

そうか、もしかしたらこれが訓話にあった「自主自律の精神」ってやつか？

江田島の幹部候補生学校は幹部としての素養を叩き込む場なので、とにかく「最初が肝心」とばかりにビシビシとやる。

しかし、横須賀の第二術科学校は、機関科の術科を極める場なので、「細かいことはいちいち指導されなくても、自分でちゃんとやっておけ。それよりむしろ、機関科の術科を極めることに専念せよ」という趣旨なのでは？

集合時間にしても、五分前のさらに五分前にはその場にいなくてはならない雰囲気の江田島とは違う。

五分前集合の原則さえ守っていれば、それでよい。

江田島の定番である国旗掲揚・降下時の「ラッパ君が代」も、ここでは太鼓の音入りの「君が代」である。

ところ変われば品変わるものだなあ。

私は第二術科学校の「自主自律の精神」がとても気に入ったのだった。

ワッシャーって何ですか?

横須賀の第二術科学校での実習は、ほぼ〝機械いじり〟だった。

工学系の大学出身の二課程学生にとっては本領発揮の楽しい実習だったにちがいない。しかし文学部で日本文学科出身の私にとっては、ひたすら〝ワケの分からない〟実習だった。

目の前にドーンとデカい艦艇用のエンジンを展示され、あれこれ説明されてもチンプンカンプンである。

あまりの分からなさに呆然として、眠気すら襲ってこない。ただただ圧倒されて、デカいエンジンや何かの発動機を眺めるばかり。

「……であるから、分かったな？　では、これから各班に分かれて組み立てに入る。かかれ！」

教官に指示されてギョッとした。

ハイ？　組み立て？　いったい何を組み立てるのでしょう？

何一つ分からないまま、屋外に出て得体の知れない何かの発動機を組み立てる運びとなった。

幸いだったのは、工学系男子のT木候補生と同じ班だった点である。

「俺もよく分からないけど……」

と言いながらもテキパキと工具を使って組み立てていく。

完全にギャラリー状態で眺めていると、円管服を着た二尉の教官が回ってきた。二尉にしては白髪の年配の方だったので、おそらく機関科員として長年経験を積んでから幹部になられた方だったのだろう。

「おい、時武。ボーッとしてないで、そこのワッシャーを取ってやれ」

なにげなく指示されたのだが……。

ハイ？　ワッシャー？

恥ずかしながら、このときの私はワッシャーが何なのか分からなかった。

「あの……、スミマセン。ワッシャーって何ですか？」

途端に、教官の顔に驚愕の色が浮かんだ。明らかに、もういっぺん言ってみろという顔でこちらを見ている。

しかし、もう一度言ったら大変な事態になりそうな予感がしたので、私は黙っていた。

「ワッシャーが分からんのか？　時武」

教官が静かな口調で尋ねる。

うなずく私に、教官は呆れた顔で、作業台の上に散らばっていた小さな金属の輪っかを指差した。

「これがワッシャーだ」

なるほど……。たしかにどこかで見たことはある。たいてい、ねじとセットになって付いているヤツだ。

「そうか。ワッシャーが分からんのか……」

教官は呆れ顔を通り越し、逆に感心したような表情を浮かべて去っていった。

私は二三歳にして初めてワッシャーの存在と名称を知ったのだった。

あれはキウイフルーツですね？

余談になるが、艦艇勤務において第三分隊（機関科）に配属される乗員には、マニアックな人が多い。

マニアはマニアでも、分解・組み立てを得意とするメカマニアである。

日本郵船の機関科員だった祖父も、典型的なメカマニアだったようだ。よく家で蓄電池などを組み立てては余暇を楽しんでいた、と父から聞いている。

私も後の艦艇勤務では、ずいぶんと機関科員の方々に助けられた。

縁の下の力持ちで、手先が器用。

これが私の機関科員全般に対するイメージである。

横須賀の第二術科学校は、そうした機関科員養成学校なので、学校全体もかなりマニアックな雰囲気。江田島の第一術科学校とは、空気感からしてまるで違う。

自主自律という校風もマニアックな第二術科学校ならではのものなのかもしれない。

メカに強い人にとっては、たまらない学校にちがいない。

しかし、メカに弱い人にとっては……。

実に試練の学校である。

第2術科学校での機関実習。ガスタービン搭載護衛艦の機関操縦室を模したシミュレーターを使って、ガスタービン機関の操縦を実習中の幹部候補生たち〈海上自衛隊提供〉

機関実習中の幹部候補生たち。応急工作教官から工作機器の説明を聞いている。このページの写真は2020年9月撮影。コロナ対策でマスクを着用している〈海上自衛隊提供〉

屋外での分解・組み立て作業で私が活躍した場面はほとんどない。ほぼ工学系男子のT木候補生頼みだった。

右をみても機械、左を見ても機械という環境の中、私の視線はさんざん空をさまよった末、なぜか脱柵防止柵の根元に吸い寄せられていった。

べつに脱柵（基地からの逃亡）を企てていたわけではない。柵の根元に絡まっている植物に興味を引かれたのである。

蔓状の植物には、ところどころ小さな実が生（な）っていて、いずれもどこかで見たような形状だった。

何だろう？　何の実だろう？

しげしげと見ながら考えていると、例の白髪の教官がまた回ってこられた。

「こら、時武。よそ見をするな。何を見ておる？」

注意された瞬間、私は急に思いついた。

「教官、あれはキウイフルーツですね？」

白髪の教官の表情に、また驚愕の色が浮かんだ。

「よく分かったな、時武。お前はワッシャーも知らんくせに、キウイフルーツは分かるのか？」

明らかに呆れ顔である。

「ここはあったかいから、キウイがよく育つのだ」

脱柵防止柵でキウイフルーツを栽培してるなんて！　これも江田島の第一術科学校では考えられない事態である。

なかなかやるなあ。二術校（第二術科学校の略）！

私は感心した次第だった。

自主自律の国旗降下

甲板掃除は、海上自衛隊にいるかぎり、どこの部隊でもついて回る。

もちろん、第二術科学校でも甲板掃除は必須だった。だが、幹部候補生学校の悲壮感さえ漂う必死の甲板掃除とは明らかに趣きが違った。

私たちが実習員で、よそからきた〝お客様〟扱いだったせいもあるだろうが、それだけではないと思う。

実習員ではない、本物の第二術科学校の生徒たちが行なう甲板掃除をしばしば目撃したものの、第一と比較すると、伸び伸びとしているようにさえ見える。

なんといっても自主自律がモットーだから、甲板掃除も自主自律なのね、きっと。

私はそう思って納得した。

課業後の別課の時間も実に自由だった。ランニングをしたい者はランニングをすればよし。水泳をしたい者は水泳を、である。

私は遠泳訓練でモノにした平泳ぎの泳法を維持すべく、プールに向かった。第二術科学校のプールも第一と同様に、真ん中が深いタイプの五〇メートルプールだった。

いくら遠泳をクリアしたとはいえ、赤帽は赤帽なので、控えめに一番端のコースを選んだ。

真ん中のほうのコースは水泳部の学生たちだろうか。みごとなフォームのクロールである。あんなふうに泳げたら楽しいだろうなあと思いつつも、悠々自適な平泳ぎを楽しむ。

訓練ではない水泳ってステキ。

ひとしきり泳いで満足した後、プールからの帰り道の途中で、国旗降下の「君が代」が流れた。私は候補生学校にいるときと同様、不動の姿勢（気をつけ）をとった。

しかし、赤鬼・青鬼はいないし、他に誰にも見張られている気配はない。

これなら少しくらい動いても大丈夫なのでは？　という誘惑に駆られたが、そこはグッとこらえた。

誰にも見られていないところでも、どれだけ自身を律することができるか。自主自律の精神の試される第二術科学校の国旗降下だった。

定時に外出

あらゆるところに自主自律の精神の行き届いた第二術科学校は、外出時の外出員整列も自主自律だった。

幹部候補生学校では、外出員整列時の点検を一度でパスできる確率は非常に低い。制服についた埃(ほこり)のせいで食らう〝埃不備〟、アイロンによるプレス不足でできた制服の皺(しわ)が原因の〝皺不備〟、携行物品（自衛官身分証など）の不足による〝携行品不備〟、等々。

さまざまな〝不備〟があり、一度不備を食らうと、合格するまで再点検を受けねばならなかった。

（余談だが、防衛大学校には〝目の輝き不備〟とか〝なんとなく不備〟という、笑うに笑えない不備も存在したらしい。さすがに幹部候補生学校では〝なんとなく不備〟にお目にかかった経験はないが……）

不備による再点検を受けるにはそれなりの時間がかかる。その分、外出許可の出る時間は遅くなり、外出時間も短くなる。

いつの間にか、こうした悪循環に変な免疫がついて、「定時に外出はできないもの」

という諦観ができあがってしまっていた。

ところが、この諦観を第二術科学校の自主自律の精神がみごとに打ち破ってくれたのである。

第二術科学校での最初の外出員点検で一発合格をしたときは、「え？　ホントに合格なの？」と驚き、拍子抜けしたくらいだった。定時に外出できるなんて信じられない話だ。

私は実家が鎌倉だったので、外出先はもちろん実家である。当然、不備を食らうものと予想して、遅い帰宅予定時刻を告げておいたので、私の早い帰宅には家族も驚いた。

機関科実習の期間中は、土日にかかわらず平日も、毎日帰宅できるというありがたさ。

だが、問題は帰校時間である。

第二術科学校がどんなに自由な校風でも、午前八時の国旗掲揚時の整列は絶対だ。一時間前には帰校して身支度を整えていたいとなると、かなり早朝に実家を出発せねばならない。それでも、私はほぼ毎日、実家に帰ったように思う。

定時に退庁できる恩恵を満喫した実習期間だった。

特殊な買い物と特殊な仕事

土日の休日は完全にフリーだった。私は金曜の夜には実家に戻り、自由な時間を楽しんだ。

実は、私はこの土日を利用して、ぜひ入手したいモノがあった。

それはライダー・ウエイト版のタロットカード。

占いに使うカードだが、私は占いよりも、どちらかというとカードの絵柄そのものに興味があったのだ。

子どもの頃、少女漫画雑誌の付録についてきたものや、森永ハイクラウンチョコレートのおまけに入っていたものを見ては、「不思議なカードだ。どうしてこんな図柄なんだろう?」と惹かれていた。

いつか本物のカードを手に入れてみたい！　とずっと思っていた。

そんな子どもの頃の夢を、なぜわざわざ機関科実習の最中に思い出したのだろうか。自由な校風のおかげで余裕が生まれたからだろうか。それなら機関科の自主学習でもしろよ、というところだが……。

とにかく、一度思い立ってしまったからには、なんとしてもタロットカードを入手して江田島に帰りたい。

当時はまだネットショッピングなどできない時代だったから、欲しい物は自分で探して、自分で買いに行かねばならなかった。

地元鎌倉の小町通りにある占い館にならきっと本物のタロットカードが売っているにちがいない。私の直感アンテナがピピピッとヒットした。

家族にも内緒でこっそりと出かけていった。

休日の小町通りは相変わらず観光客でにぎわっていた。

中学生の頃、部活の試合帰りによく立ち寄ったクレープ屋には、修学旅行中の学生たちが群がっている。

手焼きおせんべいを頬張りながら歩いているカップル。

個性的な土産物屋の数々。

鎌倉は鎌倉でも藤沢に近い鎌倉出身なので、こうした鎌倉の中心街まで繰り出す機会は滅多になかった。鎌倉っ子のくせに鎌倉に詳しくない私は、あちこち迷いながら例の占い館に辿り着いた。

有名な占い師さんだったらしく、行列ができている。

占術がタロット占いであると確認して、正面のディスプレイウインドウを覗いてみると……。

あった！　あのカードだ！

憧れのライダー・ウエイト版のタロットカードと、その他の珍しい絵柄のタロットカードが並んでいる。

わくわくして並んでいると、ようやく私の順番がきた。

男性の占い師さんだったと思う。

「さて、何を占いましょうか？」

「いえ、占いは結構なんです。あそこにあるカードを売っていただけませんか？」

占い師さんはとても驚いた様子だったが、そこはさすが商売である。

うちはカード屋ではないのでカードだけは売れない。占いをするのであれば、ついでにカードを売ってあげてもよい、と条件をつけてきた。

まあ、そうだろうな。

さんざん並んだ末に手ぶらで帰るのもむなしいので、私は仕事運について占ってもらうことにした。

「うーん、お客様のお仕事は、とても特殊なお仕事ですか？」

展開したカードを眺めて占い師さんが首をひねる。

「ええ、特殊です。すっごく特殊なんです。私に向いてますかね？」

占い師さんはまた難しい顔をした。

「今の段階では向いているとも向いていないとも言えませんね。しばらく辛抱して続けてみてはいかがですか?」

可もなく不可もない無難な占い結果だった。

まあ「全然向いてませんから、今すぐ辞めたほうがいいでしょう」と言われても困るが……。

結局、占い代とカード代の方を支払ったものの、私はついに念願のタロットカードを手に入れた。(まったく何をやっているやら!)

今でもこのカードを見ると、あの頃の機関科実習を思い出す。

悪夢(?)の東京ディズニーランド

隊舎で寝起きする候補生学校生活から一変。毎日のように実家に帰宅し、自宅からの出勤(びっくりするほどの早朝だが)を実現していた機関科実習も残すところわずかとなった。

そんなある日、我が第三分隊のT木候補生とK井候補生から私とWAVEのK野候補生に「一緒に東京ディズニーランドへ行かないか?」とのお誘いがかかった。

なんとこの二人、今まで一度も東京ディズニーランドに行ったことがないという。

せっかく横須賀まで出てきたのだから、比較的自由時間に恵まれたこの機関実習中にぜひとも東京ディズニーランドデビューを果たしたい。しかし、男二人でのディズニーランドはいかにも体裁が悪い。そこで、同じ分隊のよしみでＷＡＶＥの私とＫ野候補生を誘ったという趣旨のようだった。

「ねえ、一緒に行こうよ。いや、どうか一緒に行ってください」

ここまでくると、お誘いというよりお願いに近い。

しかし、私にはどうしても外せない予定があり、結局、Ｋ野候補生が一緒に行く運びとなった。

Ｋ野候補生は紅一点だが、Ｔ木候補生もＫ井候補生も優秀で人柄の良い人たちである。まず大丈夫だろう。きっと三人で楽しんで帰ってくるだろう、とばかり思った。

ところが！

次の月曜日、Ｋ井候補生が「聞いてくれよ、時武」と、苦笑いをしながらやってきた。

「どうしたの？　何かアクシデントでも？」

「そう。アクシデントだよ。アクシデント！　Ｋ野のまさかのドタキャンでさあ、俺とＴ木のツーショットになっちゃったんだよ」

Ｋ野候補生は急に体調が悪くなり、ディズニーランドには行けなくなってしまったらしい。

「なんか風邪ひいちゃったみたいで……。ごめんね」と、二人に謝っていた。

「いや、いいんだけどさ。それなりに楽しかったからべつにいいんだけどさ」

T木候補生も苦笑いである。

「気のせいか、すれ違う人たちとか、アトラクション係とかの、俺らを見る目がイタいわけよ」

「どうしてイタいの？」

なんとなく理由は分からなくもないが、一応聞いてみる。

「だって、どう見たって怪しいだろ。男二人だよ！　そりゃあ、男だけで来てる客もいたけど。四、五人のグループの中学生とか高校生くらいだよ。いい歳して男二人なんて……」

「変な関係に見られても困るからなあ」

T木候補生とK井候補生は、また顔を見合わせて苦笑い。

「やっぱり、男二人でディズニーランドはキツい。まさに悪夢の東京ディズニーランド！」

周囲の冷たい視線を浴びながら、小さくなって東京ディズニーランドを歩き回る二人の姿が目に浮かんだ。

二人には申し訳ないが、私は非常にウケてしまった。

きっとT木候補生とK井候補生にとって一生忘れられないディズニーランドデビューとなったに違いない。

一二色の色鉛筆と配管図

機関科実習に出発する前、実習では一二色の色鉛筆を使うから、各自必ず用意しておくように、との示達があった。

しかし、いつまで経っても色鉛筆の出番はなく、「はて何に使うのだろう?」と疑問に思っていた。

実習も終盤になってようやく「一二色の色鉛筆必須」の意味が分かった。機関科実習の修了課題である機関室の配管図作成に色鉛筆が必要なのだ。

機関室は、一言で言い換えるなら「管づくしの部屋」。

気の遠くなるくらい複雑で、無数の配管が成されている場所である。

この配管をすべて系統ごとに色分けして図面に起こす作業が、この機関科実習の最後の課題なのだ。

ドレン管、燃料管、真水管……その他もろもろ。

よくもまあ、これだけたくさん管を巡らせて下さいましたね！　とイヤミの一つも言いたいくらいの複雑さだ。

艦の設計図を引ける人、機関室の配管図を書ける人を私は心から尊敬する。

こういう才能は、いったいどういう人が持ち合わせているのだろうか?

頼みの綱は我が第三分隊で唯一、東京商船大学（現・東京海洋大学）の機関科出身のM関候補生だった。

しかし、飄々とした性格が持ち味のため「俺もよく分からない。まあ、なんとかなるだろ」の一言。

しかし、よく分からないというわりにはスイスイと線を引いている点が、まったく分かっていない私と決定的に違っていた。

さすがである。

とりあえず、ドレン系統は茶色、燃料系統は赤、真水系統は水色……という具合に、ざっくりと配色を決め、見本に配られた配管図を真似て線を引いていくことにした。

そもそも定規の使い方からして不慣れで、線を引くそばから曲がっていく。

どうみたって斜めだよなあ。どの辺から曲がったんだろ?

まっすぐに長い線を引くだけでも、悪戦苦闘だった。

さらにもどかしいのは、あまりにも線がたくさんあって、今どの線を引いているのか分からなくなる点である。

独立した線であるはずが、いつのまにか別方向から伸びてきた線と結合して、おかしな図面になっていく。

あれ？　この線はたしかドレン管だったはず。なのにどうして、ここからいきなり真水管になってるの？

あー、もう！

紙をくしゃくしゃに丸めて投げつけたくなる衝動に何度も襲われた。

こんなとき、自然と頭に浮かぶのは、日本郵船の機関長だった曽祖父と機関科員だった祖父である。かりにも機関科出身の二人の血が一滴でも私に流れているならば、もうちょっとマシな配管図が書けるはずなのだが……。

どうやら、私は機関科の血筋をまったく受け継がなかったらしい。

自身の血を呪いながら、私は一二色の色鉛筆を従えて、配管図と血みどろの格闘を続けたのだった。

ガス！　面！

機関科実習での終盤の教務は艦内防御についてだった。

それまで機器の分解・組み立てや分解図、配管図などメカニック一色だった教務の中で、この艦内防御の教務は少し毛色が違っていた。

化学兵器による戦闘を想定した艦内防御で、具体的には毒ガス防御部署についての内容だった。

部署発動の号令は「ガス！　面！」。

「面」とは、ガスマスクである。

教官が実際にガスマスクをいくつか持ってきて見せてくれて、学生のうち何名かが試着した記憶がある。

たしか防護服もあった気がする。フル装備となるとかなりグロテスクだった。

艦内で毒ガスが発生した場合は、ただちにガスマスクを装着して防御するのだが……。

ガスにもいろいろな種類があって、それぞれ対応が難しい。

第一に艦内の毒ガスを感知した者が「ガス！　面！」と部署を発動したところで、ガスが充満するまでに総員が無事にガスマスクを装着できるだろうか。

ましてや艦内は密閉された空間である。

甲板上に出ている者たちはともかくとして、機械室配置の機関科員たちはひとたまりもないだろう。

教務内容はさらに、放射能汚染に対する防御にまで及んだ。

「参考として、このビデオを見てほしい」

担当教官が教務時間に一本のビデオを見せてくれた。

内容は、アメリカによるビキニ環礁での核実験である。

日本の第五福竜丸が、この実験による〝死の灰〟を浴びて被ばくし、犠牲となった件を扱ったドキュメンタリー映像だった。

この実験のために、居住していた島民はアメリカによって強制移住させられ、帰島してからも放射能の影響で健康被害が出るなど、数々の悲劇が紹介されていた。

しかし、犠牲となったのは何も知らずにこのプロジェクトに参加したアメリカの兵士たちも同じだった。

番組は、実際にプロジェクトに参加した兵士が、あの核実験について回想して語るスタイルで構成されていた。

「まさに天国でした。破格な手当てが支給され、作業が終われば毎日のようにビールで乾杯。永遠に続くパーティーのようでした」

核実験の準備作業期間を兵士はこうふり返っている。

しかし、実験後は白い防護服にマスクをつけた研究者たちが、しきりに何かを計測している姿が見られるようになる。

「正直、彼らが何をしているのか分かりませんでしたし、知らされもしませんでした。私たちにマスクや防護服が支給されることもありませんでした」

なんと、具体的に何の爆破実験プロジェクトなのか、放射能が人体にどれだけ悪影響を及ぼすか……などといった点はとくに知らされずに作業をしていたらしい。

実験後の放射能で汚染された艦で、何の防護もせずに作業を続けていたなんて……。

映像には実際の水爆実験の模様も写っていた。

戦後、唯一航行可能な戦艦として残った「長門」が、実験の標的艦となって爆破されるシーンは、見ていてとても複雑な気分だった。

実験台として、多くの動物も乗艦させられており、これも思わず目をそむけたくなるような映像だった。

こんな実験が実際に行なわれていたとは……。

あの核実験から年月を経るごとに、当時作業に従事していた兵士や作業員たちの間では、放射能による健康被害が出始めた。大半はがんや白血病などで亡くなったという。

語り手である白人の兵士は、映像の中で淡々と語っていた。

この人も、あんなナンセンスなプロジェクトに参加していたんだよね？　素手で作業していたんだよね？

よく無事に生きのびたものだな……。

私がそう思い始めたころ、番組も終盤になって、それまで顔のアップしか写っていなかった兵士の姿が、急に〝引き〟で映った。

その瞬間、静かにビデオを見ていた学生たちの間で、小さなどよめきが起こった。車いすのひじ掛にかけられていた兵士の手が、異様な形に変形していたのである。放射能の影響で染色体に異常が起きたらしく、もう元の形には戻らないという。どよめきの後、画面にテロップが流れた。

「このインタビューの数ヵ月後、この男性は亡くなられました」

今度は、どよめきさえ起きなかった。

なんともいえず、やるせない気持ちだった。

皆、同じ気持ちだったのだろう。教室はしばらくシーンとして、誰も何も発言しなかったように思う。

自主自律の精神を謳歌した機関科実習の最後に、こんな重たい内容の教務が用意されていたなんて……。

いろんな意味で深く考えさせられた教務だった。

よかったな、時武

重たい気分のまま実習期間は着々と過ぎていき、とうとう修了式を迎える段となった。

悪戦苦闘の末、仕上げた配管図もどうにか合格した。

これで無事江田島に帰れるわけだが……。

私としては、正直このまま横須賀に居残りたい気分だった。メカニックなことはさっぱり理解できなかったが、自由な校風は大いに魅力的だった。

それまで江田島の幹部候補生学校しか知らなかった身にとって、第二術科学校は自衛隊の新たな一面を見い出せた場所だった。

この実習を通して、艦艇部隊の機関科とはどのようなものなのか、という概略が摑めた。

それだけでも大収穫だったのではないだろうか。

最後に、第二術科学校のＰＸで、迷彩柄のＴシャツを購入した。

これはお土産用ではなく、江田島に帰ったら再開される野外戦闘訓練で、すぐに着用するためである。

江田島のＰＸには売っていないので、機関実習中に買っておいたほうがよいという申し継ぎがあったのだ。

あまりウキウキする買い物ではないが、どんなに汗を掻いても下着の透けない迷彩柄Ｔシャツは必需品だ。

最後の外出で実家に別れを告げ、いよいよ修了式となった。

お世話になった第二術科学校の教官たちが、教室の前にズラリと並んでいる。その中には、機械類の分解・組み立て作業中によく見周りにきていた円管服（つなぎ）の教官もいた。

さすがに修了式とあって制服姿だったが、まちがいなく私が「ワッシャーって何ですか？」と質問した教官だった。

修了式の後、挨拶に行くと「よかったな、時武。ワッシャーも知らなかったのに、よく修了できたな」と私の修了を喜んでくれた。

いよいよ第二術科学校ともお別れである。

再び江田島の幹部候補生学校へ。そこでは厳しい野外戦闘訓練が待っている。

私たちは気を引き締めて、帰途についたのだった。

第6章　匍匐前進の日々

戦闘服カスタマイズ

どんな場所でも久しぶりに帰ってくると、やはり懐かしい。

横須賀の第二術科学校での機関科実習を経て、約一ヵ月ぶりに帰って来た江田島は、相変わらず暑く、厳しかった。

幹部候補生学校の隊舎で横須賀帰りの衣嚢を早々に解き、持ち帰った衣類を所定の場所に戻す。

横須賀では飛ばなかったベッドも、ここでは一切の油断はならない。再び、いつ飛ぶか分からないベッドと野外戦闘訓練の日々である。

一〇月とはいえ、外はまだまだ暑い。

野外戦闘訓練の教務は、まさに暑さとの戦いだった。

第二術科学校のPXで購入した迷彩柄のTシャツを中に着て、カーキ色の戦闘服を身に着けると、立っているだけで汗がしたたり落ちてくる。

教務が終わって、グラウンドから戻ってくるころには汗が染み抜けて、たいがいの者は戦闘服の色が変わってしまっている。

しかし、それだけ汗を吸っても、生地のゴワゴワ感は変わらないから大したものだ。いかに丈夫な生地でできているか推して知るべし、である。

なまじ丈夫すぎるあまり、匍匐による摩擦で肘や腰骨の当たる辺りの皮膚が生地に負けてすりむける。戦闘訓練は、丈夫すぎる戦闘服と生身の皮膚との戦いでもあった。

ああ、戦闘服強し！

そこで私たちは、この摩擦による痛みを少しでも和らげるため、皆それぞれに工夫を凝らして戦闘服のカスタマイズを開始した。匍匐の際、地面や六四式小銃と当たる部分の内側に、タオルを縫いつけるのだ。

どんなにがんばっても痛いものは痛いが、何も工夫しないよりはマシ。

平日は時間がないため、カスタマイズは主に休日の下宿で行なわれた。

同部屋のＷＡＶＥであるＫ澤候補生と、わざわざ戦闘服に着替えて、畳の上で匍匐の練習開始である。

いや、練習というより、匍匐の際にどの部分が地面と当たるか、の確認といったほうがいいだろうか。

「匍匐第一法！　前へ！」

「匍匐第二法！　前へ！」

という具合に、互いに号令をかけ合い、第一から第三までのパターンの匍匐前進を畳の上で行なう。

それぞれ畳との当たりが強かった部位を確認し、戦闘服のその部分に待ち針を打ってマーキング。

それから用意したタオルを当てて縫いつけていく。

重点部位は腰と肘。

激しい摩擦を想定して、太糸を二重糸にして、しっかりと縫いつける。

「ロクヨン（六四式小銃）が当たる位置もポイントだよね」

「そうそう。あれが当たると痛いからね」

匍匐第一法と第二法は小銃を腰の辺りに引き寄せ、身体に密着させて前進するので、小銃の金具と身体の当たる位置が問題となる。

「この辺かな？」

まさか実際に小銃を持ってきて試すわけにもいかないので、だいたいの見当をつけてタオルを縫い付ける。

夜も更けるころには、ボテボテの戦闘服が完成した。

教務の前には戦闘服装の容儀点検もあったように思うが、このボテボテのカスタマイズで〝不備〟を喰らった記憶はない。

教官たちも大目に見てくれたのだろうか。

必須アイテム〝弾帯留め〟

私たち二課程学生が機関実習から戻ってきたころ、一課程学生は入れ替わりでどこかに実習に出かけていて留守だった。

分隊の約半数を占める一課程学生の長期不在は初めてである。

それまでどこか一課程学生に頼っていた二課程学生も、この間は一課程学生のサポートなしで乗り切らねばならない。

頼りになる兄貴分がいなくなったような寂しさと不安があった。

そんな中、私はある日、自習室の引き出しの中に、見慣れない紐のような物をいくつか発見した。

何だろう？　これ……。

もちろん、自分でしまった覚えはない。

カーキ色をした結束テープのようなその紐には、上下にパチンと留めるスナップ式のボタンがついている。

知らない間に配られていて、無意識にしまっていたのかな？　いや、いくらなんでもそこまでバカじゃないぞ。

よく分からないので、しばらく放置していたところ……。

いつもの陸上戦闘訓練の教務で匍匐している最中、私は突然、あの得体の知れない紐の使い途に気が付いた。

そうか！　あの紐を使えば……。

後に分かったのだが、その紐の名称は〝弾帯留め〟。匍匐前進時に、どうしてもズリ落ちてくる弾帯（いわゆるベルト）や背負っている雑嚢や水筒などの紐を固定しておくアイテムだったのだ。

この〝弾帯留め〟は、残念ながら江田島のPXには売っていない。

陸上戦闘訓練が初めての二課程学生にとっては、使い途はおろか、その存在すら知らないアイテムだった。

防大で陸上戦闘訓練を経験していた隣席の一課程学生、N部候補生がわざわざ気を利かせて、置き土産をしていってくれたのである。

一見、どうということのない〝おまけ〟のようなものだが、この〝弾帯留め〟があるのとないのとでは大違い！

弾帯が固定されるため動きやすくなり、匍匐前進の際の体力の消耗が軽減される。事実、〝弾帯留め〟を装着してから、ズリ落ちる弾帯を構うストレスから解放され、匍匐前進が格段にやりやすくなった。

置き土産をしていってくれたN部候補生は、夏期休暇中に防大のPXで隣席の私の分まで〝弾帯留め〟を仕入れてくれたらしい。

それを黙って引き出しの中に入れておいてくれるところがニクいではないか。

ありがたや〜。

N部候補生の心遣いに、ひたすら感謝した次第だった。

フル装備で三G集合

そうこうしているうち、一課程学生たちが、長期の実習から戻ってきた。

私がN部候補生に〝弾帯留め〟のお礼を述べたのは言うまでもない。

N部候補生は「役に立ってよかったな」とテレ臭そうに笑っていた。

こうして久しぶりに第三分隊総員が集まったところで、いよいよ原村演習場での野外戦闘訓練に向けて、本格的な小隊戦闘の訓練が始まった。

それまで第一グラウンドでひたすら匍匐前進の訓練を行なっていたわけだが、今度は学校外の演習場（おそらく大原演習場だったと思う）で、より具体的な小隊戦闘の訓練に入る。

その前の決起集会のようなものが、第三グラウンド（三G）で行なわれた。

戦闘服装に水筒と雑嚢をたすき掛けに掛け、六四式小銃を携えてのフル装備集合である。

四月の古鷹山登山の際は、空の水筒に空の雑嚢で集合して冷や汗をかいた。

あのときは運よく助かったものの、同じ失敗をして二度目の冷や汗をかきたくはない。私は水筒に水を満たし、雑嚢にちゃんと着替えを詰めて三Gにおもむいた。

しかし、こういうときに限って持ち物点検・容儀点検は行なわれない。

「いよいよこれから原村での野外戦闘訓練が行なわれるわけだが、今日はその前段階として……」

集会はいきなり教官たちによる士気の鼓舞から始まった。

なんだ、なんだ？　これからいったい何が始まるんだ？

ライナー（ヘルメットの下に被るもの）の下で目をキョロキョロさせているうち、

「ウォーッ！」という雄叫びが上がり、総員が一斉に三Gを走り始めた。

どうやら原村に向けての意気込みをここで見せてみろ、という趣旨らしい。

要するに「フル装備で走れ！」だ。

すでに〝状況〟は始まっており、もう状況下に入るしかない。

「ワーッ！」

自分でもよく分からない叫び声をあげて、とにかく皆の後に続いた。

しかし、これが並大抵のキツさではない。

半長靴の紐は足に食い込むわ、構えている小銃は落ちてくるわ……。

「お前たちの意気込みは、その程度なのか！」

「そんな体たらくじゃあ、原村の訓練は乗り切れんぞ！」

教官たちの罵声を全身に浴びながら、ひたすら炎天下の三Gを走る。

被っているライナーはズリ落ち、前が見えない。噴き出してくる汗を拭うこともできない。

続出する落伍者……。

ああ、そろそろ私も倒れたいなあ。

よし、あのコーナーを曲がったら倒れよう。あのコーナーを曲がったら……。

そう思いながらも、無事コーナーを曲がり切ってしまう自分が恨めしい。ここまでくると、ただ足を交互に前に出している感覚しかない。

よし、今度こそ倒れてやる。倒れてやるぞ。

心の中で倒れるタイミングを図りながら、結局のところ、何周ぐらい走ったのだろうか。

ピーッツ！

鋭い笛の音が響いて、フル装備ランニングは終了となった。

終了とともに倒れる者もいる中、私は最後まで意識を保ち、自身の足でしっかり立っていた。本当は格好よく倒れたかったのに……。

思えば小学生時代から、ドッジボールでは、最後の一人になるまで生き残ってしまうタイプだった。体力もなく、運動神経も鈍いくせに、なぜか最後まで生き残る。私はなかなかしぶとい人間なのかもしれない。

自身の人間性と能力を再確認した瞬間だった。

黄旗の台攻略

総員によるフル装備ランニングで士気が高まった後は、小隊を組んで陣地を攻める戦闘訓練が始まった。

訓練場も候補生学校の近くの大原演習場に移り、より一層〝それらしく〟なってきた。

教務の時間になると、OD色に塗られたトラックが、私たち候補生を迎えにくる。大原演習場までの送迎トラックで、通称〝ドナドナ便〟である。

名曲『ドナドナ』の中で、荷馬車に乗せられ市場に売られていく仔牛たち。

私たちの境遇は、この歌の情景によく似ていた。荷馬車ではなく、トラックの荷台に乗せられ、大原演習場まで連れて行かれるのである。

荷台には幌（ほろ）がついており、長椅子も造りつけられているが……。

鉄パイプに板を取りつけただけの椅子なので、トラックが揺れるたびに、お尻が当たって痛い。しかも、到着した先ではボロボロになるまでキツイ戦闘を繰り広げなければならない。

当然、みんな無口。みんな暗い目つきである。

誰ともなく『ドナドナ』を歌い出し……。誰ともなく後に続く。荷台の幌の中には、しんみりとした空気が満ち満ちていた。

大原演習場では、一Gで練習した匍匐前進を活かして陣地攻略の訓練が始まった。

攻略目標は〝黄旗の台〟。

といっても特に黄色い旗が立っているわけではない。

演習場の端から、反対側の端まで射撃しながら前進し、最後は銃剣をつけて突撃し、攻略完了というシナリオ。

味方は横一列に並んで、半数がまず匍匐して前進する。その間、後方に残った半数は味方の前進を助ける援護射撃を行なう。

先発組が射線位置についたら、今度は後発組が匍匐スタート。先発組は後発組の援護射撃を行なう。

こうして交互に前進しながら黄旗の台を目指す。

この横一列が一個分隊であり、各分隊にはそれぞれ分隊海曹が一名いる。分隊海曹は自身の分隊の分隊員たちを束ねて指揮を執る。具体的には自ら先頭を切って匍匐前進し、分隊員たちに前進の号令をかけるのだ。

では、いったい誰が分隊海曹となって指揮を執るのか？

最初は立候補による抜擢だったと思う。

我が第五教務班（第三分隊と第四分隊の二課程学生から成る班）の初代分隊海曹は、第四分隊のT田候補生だった。

T田候補生は同期の中で唯一、自衛隊生徒出身の候補生で成績優秀。身体能力抜群の学生である。

感情が滅多に現われない強面（こわもて）に強靭な肉体。

まさに分隊海曹にピッタリの人材だったのだが……。

T田候補生の匍匐前進があまりに速すぎて、誰もついていけないという悲劇が生まれた。

「ただ今から、分隊海曹T田候補生が指揮を執る！　第五教務班、前へ！」

まるで獲物を追って密林の中を這い進むコブラのような、低く鋭い匍匐。

頼む、T田候補生！　頼むからもっとゆっくり這ってくれ！

私の願いも虚しく、号令とともにT田候補生の姿はあっという間に、遥か前方へ。

T田候補生から遅れることしばらくしてやっと追いつくと、乱れた呼吸を整える暇もなく、また「前へ！」。

息をつけるのは援護射撃をしている間のみ。

優秀すぎる分隊海曹を時に恨みながら、黄旗の台攻略作戦は続いたのだった。

前へ！　待ってくれ！

原村（はらむら）での野外戦闘訓練に向けて、大原演習場における〝黄旗の台〟攻略作戦は苛烈を極めていた。

分隊海曹T田候補生率いる我が第五教務班の攻撃は、どうにか教官たちから合格を貰える水準にまで達した。

しかし、いくら優秀だからとはいえ、T田候補生にばかり分隊海曹を務めさせていたのでは真の訓練にはならない。

教官たちの提案により、分隊海曹を各候補生たちが輪番で務める運びとなった。

このときの私の心境は、まったく「ゲッ！」の一言に尽きた。

輪番？　じゃあ、私も分隊海曹を務めるってわけ？

無理、無理、無理……。

しかし、非情にも分隊海曹の順番は回ってきた。

しぶしぶと、分隊海曹の目印である深緑色の布カバーをライナーに被せる。

「ただ今から、分隊海曹時武候補生が第五教務班の指揮を執る！」

威勢よく叫んだものの、内心は「ホントかよ？」である。

「その場に伏せ！」

私の後ろで、横一列に並んで伏せる第五教務班の面々。

いよいよ運命の匍匐開始である。

「第五教務班、前へ！」

私の号令一下、匍匐第一法で我が班の隊員たちが一斉に匍匐を開始。

目指すは演習場の端の〝黄旗の台〟。

分隊海曹の私は精鋭なる第五教務班を率いて、最後の突撃まで勇猛果敢な前進を繰り広げるはずだった。

　しかし！

　匍匐開始からまもなくして、私は隊員総員に追い抜かれ、置いてけぼりを食う羽目に……。

　ちょっと、みんな速すぎでしょ。分隊海曹を置いていかないで！

　いっそ「待ってくれ！」と号令を掛けたいところだったが、そんな間抜けな号令をかけようものなら、大変な事態となる。

「おい、どうした？　第五教務班。分隊海曹はどこにおる？」

　やがて、教官が異変に気づいて叫び出した。

「現在地！」

　私は息も切れ切れに、拳を上げて答える。

「どこだ？　見えんぞ」

「げんざーいち！」

　さらに拳を振り上げると、思い切り呆れた顔の教官と目が合った。

「何をやっておるか！　部下に追い抜かれて、後からノコノコついてくる指揮官がどこにおる？　お前のせいで、お前の班は突撃前に全滅だぞ！」

　この際、何を言われてもいたしかたない。他の候補生たちとの圧倒的な匍匐の速度の差が生んだ悲劇、いや喜劇である。

自ら「前へ！」と命じておきながら、前に行かれては困る複雑な気持ち。

本来は先頭切って進むはずが、なぜかしんがりを務める不可思議な事態。

「まったく訓練にならん。分隊海曹交代！」

こうして、〝黄旗の台〟のはるか手前で分隊海曹は、あえなく交代となったのだった。

まさかの紛失

言わずもがな、匍匐前進とは全身運動である。

六四式小銃を引っさげ、ひたすら身を低くして前に進む。なりふりなど構っていられない。それゆえに、途中で当人にも思いつかない落とし物が発生する。

代表的なものは薬莢(やっきょう)受け。

訓練時は空砲による小銃射撃を行なうのだが、いくら空砲でも射撃の後には薬莢が残る。この薬莢を受けるための小さな袋が薬莢受けで、金具で小銃に引っ掛けるようにして装着する。

言い換えれば、ただ引っ掛けてあるだけなので、非常に取れやすい。

激しい匍匐前進時に、何かの拍子で取れて落ちても、たいていは気が付かない。気が

野外戦闘訓練中の著者ら第5教務班。伏せ射ちの姿勢で64式小銃を構えている手前から4人目が、分隊海曹役の候補生。後方では教官2人が目を光らせている〈著者提供〉

敵陣に接近、泥だらけになりながら匍匐で前進する候補生たち。2018年の撮影だが戦闘服が迷彩になっている以外、装備は著者の時代とあまり変わりはない〈海上自衛隊提供〉

付くのは、一連の訓練が終わって装備品の確認を行なったときである。

「薬莢受けがない！」

この事態に気付いたときの焦りは並大抵のものではない。

なぜなら、失くした薬莢受けが見つかるまで、総員で演習場を探し回らねばならないからだ。自衛隊ではどんなときも連帯責任が原則なのだ。

仲間に多大な迷惑がかかる申し訳なさは、耐えがたいものがある。

あるとき、一緒に訓練していた他分隊の候補生が、訓練終了時に紛失物に気が付いた。

また薬莢受けか？　やれやれ……。と思っていると意外や意外、弾帯を失くしたという。

え！　弾帯？

あまりの事態に総員の目が点になった。

弾帯とは腰に巻いているベルト。この弾帯で水筒や雑嚢、小銃に至るまで、さまざまな装備品を固定している。いわば装備の要ともいえる弾帯そのものを紛失するとは！

どんなアクロバティックな匍匐をしたのだろうか？

「弾帯なんて、よく失くせるよなー」

ここまでくると逆に感心の声が上がった。

いくら他分隊の候補生とはいえ、一緒に訓練していた以上、我が第三分隊にも連帯責任が発生する。総員で広い演習場を舞台に大掛かりな捜索劇が繰り広げられた。

遠目にも分かるような派手な色の弾帯ならばいざ知らず、偽装を兼ねたOD色だけに始末が悪い。

しかし、薬莢受けと違ってそれなりに大きな物なので、すぐに見つかるのではと誰もがタカをくくっていた。

ところがどっこい。

OD色の弾帯は演習場の草むらに紛れて、なかなか出てこなかった。

匍匐前進をした場所は特に念入りに、草の根を分けるような捜索が続いた。

「いったいどんな匍匐をしたんだよ！」

「何ですぐに気が付かなかったんだよ！」

捜索が長引くにつれ、方々から不満の声が上がる。

失くしたのがもしも私だったらと思うと、いたたまれない気持ちだった。

しばらくして、紛失した本人から、「あったー！　ありましたー！」と泣き叫ぶような声が上がった。

涙と汗で顔をくしゃくしゃにして、拾った弾帯を片手で高々と掲げている。

「まったく人騒がせな……。そもそも弾帯を失くすなんて信じられない！」

陸自出身のT木候補生などは呆れるを通り越して怒り心頭に発していた。

その夜、自習時間の中休みに、わざわざ他分隊の自習室から我が第三分隊の自習室に、件の候補生が謝りに来た。

「第三分隊の皆さん、ご迷惑をおかけしてすみませんでした！」

同行してきた同分隊の候補生たち数名も連帯責任のつもりなのか、揃って頭を下げている。

自習室はまさに弾帯紛失の話題で盛り上がっていたところだったが、わざわざ詫びを入れにきた者をネチネチと責め上げるほど執念深い第三分隊ではない。

「これからは気をつけてくれよな！」

T木候補生がビシッと釘を刺して、一件落着となった。

まさかまさかの弾帯紛失。

明日は我が身かもしれないので、自身の弾帯もしっかり締めておこうと思った次第だった。

水筒の水は誰のための水？

夏の幕営訓練時にはテントの設営完了まで飲水禁止の掟に苦しんだ。

水のありがたさをイヤというほど味わった訓練だったが、野外戦闘訓練も水のありがたさが身に沁みる訓練だった。

水筒と雑嚢をタスキ掛けに掛けた定番スタイルで、常に水を携行していながら自由に水が飲めない苦しさ……。

どういう状況かといえば、一連の匍匐前進攻撃によって〝黄旗の台〟攻略が完了するまで、「水、許す」の号令を掛けていただけないのである。

教官曰く。

「水筒の水はお前たちのための水ではない！　いざというとき、部下の命を救うための水だ！」

とのこと。

指揮官たる者、己のために水を飲んではならないのである。

とはいえ、指揮官とて人間。攻撃も半ばを過ぎると、激しい喉の渇きで意識も朦朧としてくる。

私が幻聴に捉えられたのは、まさにこのときだった。

演習場の草むらで、どこからともなく衣ずれの音がして、誰かが歩いてくる。とても優雅な足取りで、戦闘要員の歩き方ではない。

誰だろう？　と思っていると、そのうちビートルズの「レット・イット・ビー」が流れてきた。

なんだかとても敬虔な気持ちになる。

そのまま銃を構えていると、目の前を女性が横切った。長いスカートを穿いた女性で、足しか見えなかった。

しかし、私はなぜか「マリア様だ！」と確信したのだった。

マリア様が演習場に来られた！　マリア様が救いに来てくださった！

クリスチャンでもないのに、歓喜の涙が湧いてきた。

「突撃〜！」

その後、ほどなくして分隊海曹から突撃の号令が掛かり、私たちは〝黄旗の台〟に最後の突撃を仕掛けた。

「ワーッ！」

それぞれ大声を上げながら、六四式小銃を構えて〝黄旗の台〟に突っ込んでいく。

このときの想定は「小銃の先に取り付けた銃剣で敵兵をメッタ刺しにする」というもの。若干やけっぱちな気がしなくもないが、この突撃で〝黄旗の台〟攻略は完了。

とうとう教官たちから「水、許す！」の令が下りた。

このときの水のおいしさ！

候補生学校の水道の蛇口をひねって入れてきただけの水が、こんなにおいしいなんて……。例のマリア様降臨の幻覚と幻聴も相まって、私は歓喜にむせびながら、水を飲んだのだった。

絶対に倒れるわけにはいかない理由

野外戦闘訓練のための訓練が始まってからというもの、江田島病院は大盛況。訓練中に倒れて病院送りとなる者が後を絶たず、どの分隊も連日のように入室者（入院患者）を輩出していた。

私は第三分隊で後期の衛生係（保健係）に当たっていたため、分隊員の誰かが倒れると、江田島病院に食事や日用品を運んでいく役目を負っていた。

江田島病院のシステム上、病院では食事が出せないので、幹部候補生学校の食堂から食事を運ぶのである。

非常にタイトな日課をこなしながら、仲間の分の食事まで運ぶのは、それなりに難儀なミッションだった。

しかし、このミッションがあったからこそ、私は一度も倒れることなく、すべての野外戦闘訓練をクリアできた。

いつも迷惑ばかりかけている第三分隊の皆さんに恩返しをできる機会はほかにない。衛生係を拝命した甲斐があった。

……といえば格好良い。

時武候補生は衛生係の鑑だ。よくやった！　と拍手とともに感謝されるかもしれない。

しかし、じつは私にはもう一つ、絶対に倒れるわけにはいかない最大の理由があった。

それはズバリ、ロッカーである。

自身のベッドの足元に据えてある、コンパクトなロッカー。

ここに着替えや手回り品のすべてが収納してあるわけだが、私は自分以外の誰にもこのロッカーを開けて欲しくなかった。開いたら最後、きっとその人はビックリして、呆れかえるにちがいないからだ。

それくらい、私のロッカーはカオスだった。

訓練で倒れて入室となれば、誰かに着替え等を運んでもらわねばならない。

同分隊のWAVEであるK野候補生がそのミッションを背負う可能性が高いわけだが、K野候補生に私のロッカーを開けさせるわけにはいかなかった。

開けさせてしまったら、まちがいなく、その後の人間関係に悪影響が及ぶ。

半分を折り返したとはいえ、候補生学校卒業までの期間はまだ長い。その長い期間、K野候補生の中で私のイメージはずっと「カオスな人」で固定されるではないか！

K野候補生に私のロッカーを開けさせるわけにはいかない。だからこそ、私は絶対に倒れるわけにはいかない。

これが、私が一度も倒れなかった最大の理由である。

逆にいえば、ロッカーさえカオスでなければ、私など真っ先に倒れていただろう。元虚弱児童で、運動神経はゼロに等しいのだから。

私が食事や日用品を運んだ人たちのロッカーは、どれも整理整頓されていて美しかった。どこに何が入っているか一目瞭然なので、「〇〇を持ってきて」と頼まれてもすぐに対応できた。

しかし、もしも私が倒れていたら、物一つ持って来ていただくにも大捜索だろう。

――スマートで目先が利いて几帳面。負けじ魂、これぞ船乗り――

船乗り気質を謳った名句があるが、私は完全に正反対の路線を突っ走っていた。

――おっちょこちょい。見通しあまくていいかげん。直感頼み、これぞ時武――

さながら、こんなところだろうか。

第7章　野外戦闘訓練

防医大出身の幹部候補生

私たちがまだ一Gで匍匐前進の訓練をしている頃だったか、もしくはそれより前だったか……。

WAVE寝室に新たなゲストが加わった。

ゲストといっても歴とした幹部候補生で、私たちと同期扱いになるものの卒業後の階級は私たちより上、といった女性である。

防衛医科大学校出身で女医さんのたまごの候補生だ。医官の候補生学校での訓練期間は短いため、私たちより後に入校して先に卒業していく。

残念ながら苗字を失念してしまったので、Ｃ子候補生とさせていただく。

さて、Ｃ子候補生は細身で小柄。パッと見た感じではとても自衛官には見えない女性だった。

しかし、行動はテキパキしていて、いかにもリケジョといった女性だった。

Ｃ子候補生のベッドは出入り口側のほうだったので、ど真ん中のベッドで寝起きしていた私とは距離が離れていて、ほとんど会話をした覚えはない。

後から入ってきたにもかかわらず、ベッドメイキングは完璧にちかく、ベッド飛び率は私などより断然に低かった。

幹部候補生学校での訓練期間が短いため、すべての訓練は私たちより短縮化され、先取りで行なわれていた。

匍匐前進の練習も私たちより先に始まっていた。

私たちはまだ、同期のＷＡＶＥが一三名もいたからよいが、Ｃ子候補生は防衛医科大学校出身の候補生たちの中で紅一点。

いろいろとしんどい点もあっただろう。

しかし、愚痴一つこぼさず、淡々と戦闘服に着替え、訓練に臨んでいた姿は立派だった。

そんな彼女が、ある日突然、寝室からいなくなった。

「あれ？　C子候補生がいないよ。どこへ行ったんだろう？」

あまりにも静かにC子候補生の姿が消えたので、私が不思議がっていると……。

「C子候補生は今日から原村だよ」

C子候補生とベッドの近いWAVEが教えてくれた。

原村とは、東広島にある野外戦闘訓練の演習場である。

そうか、あの小柄なC子候補生は、黙って一人で出発したのか……。

私たちは三泊四日の訓練であるところ、医官の場合は二泊三日か一泊二日の訓練だったように思う。

C子候補生のピッシリと整えられたベッドが、空のまま残っている様子は、どことなく寂しかった。

そのC子候補生が、無事野外戦闘訓練から帰還した日のこと。

最後の長距離行軍を経て幹部候補生学校の赤レンガの前を観閲行進する彼女の姿は、遠目に見てもひどく疲れていて印象的だった。

ライナーは目の辺りまでズリ落ちて傾き、ちゃんと前が見えているのかどうかすらも分からない。

それでも、ライナーを被り直す気力もないのだろう。ただ左右交互に足を前に出して、惰性のまま行進している感があった。

小柄な身体に背負った六四式小銃がやけに大きく見えた。

彼女は整列をしている私たちに向かって、流し敬礼をして通り過ぎていった。どうにか気力だけで保っている感じである。

「あんなしっかりした子でも、あんな風になっちゃうんだねえ」

これから迎える原村での訓練を思いやるとゾッとしたのを覚えている。

「C子候補生、お疲れ様！　原村、大変だったでしょう？」

寝室に戻ってきたC子候補生をみんなで囲むと、彼女はただ小さく笑ってみせるだけだった。私たちがあれこれと質問を浴びせかけても、決して多くを語ろうとしなかった。今にして思えば、これは私たちに対する彼女なりの気遣いだったのかもしれない。努めて「大したことない」風を装ってくれていたのかもしれない。

しかし、帰還時の魂の抜けたような彼女の表情は、原村での訓練がどんなものかを物語っていた。

私たちが本番の訓練に出発する前に、C子候補生は来た時と同様、淡々と卒業していった。

今ごろは、立派な医科の幹部自衛官となって、どこかの部隊で活躍されているのだろうか。

出撃前のオーザック

そうこうしているうちに、いよいよ私たちも原村の演習場へ出発する日がやってきた。今まで延々と練習してきた野外戦闘訓練の本番である。

出発前の最後の休日、私はいつもお菓子を買いに行く、小さな商店のおばさんに挨拶をしに行った。

「私、このたび、三泊四日の戦闘訓練に出かけることになりまして……」

お店のおばさんは今ひとつピンとこなかったようだが、「あらそう。それはご苦労様です」と言ってくれた。

もしも、私が訓練から帰って来られなくなっても、このおばさんは私のことを覚えていてくれるだろうか。

毎週のように現われて、オーザックのコンソメ味とファンタグレープを買って帰る、ほかに何の特徴もない女性自衛官を……。

大げさかもしれないが、出撃前の兵士とはこんな気持ちなのかと思った。

下宿先の庭の庭木の一本一本、飼われている犬の鳴き声のひとつひとつ……。すべてが愛おしかった。すべてを記憶に留めておきたいと思った。

私は万感の思いでバリバリと袋を開け、下宿で一人、オーザックを貪り食べた。

パシュッとファンタグレープの缶のプルタブを開け、ファンタグレープをがぶ飲みすると、さすがに気持ち悪かった。

しかし、これが最後のオーザックであり、最後のファンタグレープかもしれないと思うと、変に神妙な気持ちだった。

もっと一日一日を大切に生きてくればよかったな。

居眠りばかりしてないで、もっと真面目に教務を受けていればよかったな。

さまざまな反省が心に浮かんできた。

よし。原村の訓練から無事帰ってきたら、私は生まれ変わろう。今度こそ、立派な幹部候補生になろう。

原村から帰ったら……。原村から無事帰れたら……。

遠泳訓練と並ぶ難関訓練である原村訓練へのぬぐいきれない不安をファンタグレープで流し込み、私は再びオーザックを噛みしめたのだった。

攻撃、防御、攻撃……

東広島市にある自衛隊原村演習場は陸上自衛隊の演習場である。

だった。

規模としては中規模にあたるらしいが、それまで訓練していた大原演習場とは大違い

とても一目で見渡せるような演習場ではない。基本は広大な〝原っぱ〟だが、山あり谷あり林あり……。

ここで約三日間戦い抜くのかと思うと、到着早々にして気持ちが萎えそうだった。

それでも唯一の救いはともに戦う仲間たちの存在だった。なにも私一人で敵陣に突っ込むわけではない。

実際、武装さえしていなければ、〝みんなで楽しく野外炊事♪〟のキャンプに見えないこともない。

食事は飯盒炊飯による自炊だし、夜はバンガローばりの小屋で集団就寝である。

ただ、どうがんばっても戦闘訓練だけに、メインは〝戦闘〟。一日の大半を戦闘に明け暮れねばならない点は揺るがなかった。

練習の段階で倒れて江田島病院に入室している者を除いての総員参加。入室患者たちを心の中で羨みつつも、野外戦闘訓練はスタートした。

候補生学校ですでに編成されていた小隊編成を元に、訓練は〝攻撃〟と〝防御〟に分かれて行なわれた。

〝防御〟よりも圧倒的に〝攻撃〟のほうがキツい。

一応は作戦会議のようなものがあり、各小隊長に当たった者が分隊海曹に当たった者たちを集めて命令を下す。

なんと、私は最初から分隊海曹に当たっており、小隊長の元に命令受領に行ったのだが……。

そこで早々と焦り、頭の中が真っ白になった。小隊長が何を言っているのか、つまりは小隊長の命令がまったく理解できなかったのである。

小隊長命令とは、何時何分にどこへ集合して、どこに向かって攻撃をかけるといった内容である。

充分にメモを取る時間もなく、宿営地付近の野外で小隊長を囲んで、しゃがみながらの命令受領。

「ちょっと待って。もう一回」

などの質問は一切許されないようなピリピリとした雰囲気。

「以上、かかれ！」

と怒鳴られ、いそいそと解散した私たち分隊海曹は、自身の分隊員たちにこの命令を伝えねばならない。

しかし、命令をまったく理解できていない（覚えていない）私は、分隊員たちに何を伝えてよいか分からない。

小銃を携え、しゃがみながらいそいそと分隊に戻り「第三分隊、集まれ！」と集合をかけたはよいものの……。

唯一の救いだったのは、まだ訓練が始まったばかりで、指導にあたる教官たちもバタバタとしていた点である。

私が命令伝達をする前に、再び小隊長たちが集められ、教官たちから作戦変更が告げられた。

それを受けて小隊長たちがまた私たち分隊海曹を集めて作戦会議。

こんなことを繰り返しているうちに時間が押し、命令伝達をすっ飛ばして、いきなり戦闘訓練がスタートした。

まさにぶっつけ本番である。

しかし、さすがに本番の訓練だけあって演出はすごかった。

ヒューという嫌な音を立てる発煙弾が次々と飛来してきて、猛烈な煙幕が辺り一面に立ちこめる。

味方がどこにいるのかさえよく分からず、いくら大声を張り上げて号令をかけても、発煙弾の音でかき消されてしまう。

しかも、ぬかるみの中の匍匐で戦闘服はドロドロ。

脇に携えた六四式小銃の銃口には泥が詰まり、発砲する前にまず泥を取り除かねばならない有様だった。

訓練でさえこんな状態なのだから、実際の戦闘だったらとてもこんなものでは済まないだろう。

正直、自身の身を守りながら匍匐するのが精一杯だった。

薬莢受けはいずこ？

そんな中、お約束のように紛失物が発生。

我が第三分隊のＴ橋Ｂ（ブラボー）候補生（Ｔ橋候補生は二人いたので、一課程学生のほうＴ橋Ａ（アルファー）、二課程学生のほうをＴ橋Ｂと呼称していた）が、薬莢受けをどこかに落としたのだ。

以前、他分隊の候補生が弾帯を紛失して大騒ぎをしたが、あの時はまだ大原演習場だったからマシだった。

しかし、今回は大原演習場とは比べようもないほど広大な原村演習場。

正直、「勘弁してよ」と思った。この広大な原っぱのどこに薬莢受けが？

連帯責任により、第三分隊総員による捜索が始まった。

「みんな、ごめんなさい！」

平謝りに謝るＴ橋ブラボー候補生。しかし、薬莢受けはなかなか見つからない。

この時の捜索は、原っぱを三列縦隊ほどで走りながら探す、というものだったように思う。

さんざん匍匐で痛めつけられた身体を引きずりながらのランニング。あまりに過酷で、さすがに途中で水飲み休憩が入った。

みんなが狂ったように水を飲む中、T橋ブラボー候補生はしょんぼりと下を向いている。

「ブラボーさん、どうしたの？　水飲まないの？」

たまりかねて尋ねると、「いや、僕には水を飲む資格なんかないから」との答え。

相当に責任を感じている様子だった。

「いや、でも、それとこれとは別だからさ、水を飲んだほうがいいよ」

強く勧めると、今度はモジモジとしている。

「いや、じつは、もう水は全部飲んじゃったんだよね」

さすがに、これには驚いた。

訓練終了までには、まだだいぶ時間が残っているというのに、この先、一滴の水もないとは……。いくら強靭な体力の持ち主とはいえ、水分補給のペースを完全に間違えてるよ、ブラボーさん。

事実を知ってしまったからには、どうにも無視はできない。

それに日頃の訓練の際から、「お前たちの下げている水筒の水は、お前たちの水ではない！　いざというとき、部下の命を救うための水だ！」と何度も教育されている。

べつにT橋ブラボー候補生は私の部下ではないが、水筒の水が私の水ではないのなら、困っている人にこそ与えるべきなのではないか？

しばしの葛藤の末、私は「じゃあ、この水、飲む？」と水筒を差し出した。

「え？　いいの？」

T橋ブラボー候補生の目が輝く。

T橋ブラボー候補生は恐縮した様子で水筒を受け取り、おいしそうに水を飲んだ。

「時武さん、ありがとう。時武さんは僕の女神さまだよ」

本心から言っていたのかどうか定かではないものの、東北訛りの残る独特な喋り方にはどこか憎めないところがあった。

それから、捜索することしばらく……。

自ら落とした薬莢請けをT橋ブラボー候補生自らが発見した。

「あったー！　ありましたー！」

T橋ブラボー候補生は、原っぱに仁王立ちして、半泣きで叫んだのだった。

戦い終わって日が暮れて

原村演習場での野外戦闘訓練初日は、永遠に続くかと思えるほど長い一日だった。

しかし、どんな長い一日も、始まれば必ず終わる。

とりあえず、寝室にあたる小屋に戻った私たちは戦闘服装を解き、ジャージに着替えた。

これから先の日課は、夕食、入浴、巡検（火の元点検）……と、候補生学校の日課とほとんど変わらない。

ただ、夕飯は飯盒炊飯による野外炊事である。

初日はたしか、カレーか豚汁だったのではないだろうか。

自衛隊では飯盒を〝バッカン〟と呼称するので、飯盒で炊いたご飯は〝バッカン飯〟となる。

丸一日戦い抜いた空きっ腹に、野外で炊く〝バッカン飯〟のにおいはたまらない。

今や遅しと食事の準備を整え、「用意よし」となったところで、当直学生が分隊長を呼びに行く。

少々焦げていようが、水っぽいままだかろうが、野外で食べる夕飯の味は格別だ。分隊長のS本一尉も、明らかに顔をほころばせて召し上がっていたように思う。

つくづくこれが戦闘訓練ではなく、普通のキャンプだったらなあと思わずにはいられない。

余談だが、自衛官はおしなべて皆、キャンプの達人である。まだ部隊経験のない候補生たちでさえ、じつに手際よく動いて、あっという間に食事が終了した。

夏の幕営訓練ならば、ここから余興が始まったりするのだが、今回はそうはいかない。明日の戦闘に備えて入念に武器手入れをした後は、鋭気を養うために一斉就寝である。

就寝場所は小屋

さて、問題の就寝場所だが……。

一言で表現すると、ズバリ「小屋」である。牧場にあるような馬小屋を想像していただければ、まず間違いはないだろう。

だだっ広い馬小屋に床板を張り巡らせただけの小屋。床板の上に毛布を敷いて、そこで総員雑魚寝(ざこね)である。仕切りもないし、トイレは野外の簡易トイレ。

寝巻きは迷彩柄のTシャツの上に、候補生学校から貸与されているMOCSジャージ上下。

唯一の特典は、ベッドが飛ぶ心配がない点である。

そもそもベッド自体がないのだから、いざ飛ばそうと思ったら、「三びきのこぶた」の家のように小屋ごとぶっ飛ばすしかない。

さすがの幹事付もそこまではできまい。

安心して眠りについたわけだが、今にして思えばあのような環境で、よく眠れたものだと思う。

決して清潔とは言えない毛布だし、空調など一切ない小屋。蚊はもちろんのこと、得体の知れない虫も勝手に侵入して飛び回っていたのではないだろうか。

総員雑魚寝のため、イビキや歯ぎしり、果ては寝言も飛び交っていたはず。にもかかわらず、私は朝まで一度も目を覚まさなかった。

泥のように眠るとは、まさにあのことだったのではないかと思う。

消えた第五分隊

自身でも信じられないくらいスッキリとした目覚めで朝を迎えた私は、毛布の上で大きく伸びをして周りを見回した。

総員雑魚寝の風景はじつに壮観だった。

ＷＡＶＥたちだけ分隊に関係なく端に固まって就寝しており、他の男子候補生たちは分隊ごとにまとまって寝ている。

こうなるともうみんな一緒で、誰が誰やら判別がつかない。

その中で、一角だけ毛布が折り畳んであり、床板の見えている箇所があった。

まだ総員起こし前なのにおかしい。あそこで寝ていた人たちはどこに消えたのか？

いや、最初からあそこは空きスペースで誰もいなかったのか？

目覚めはスッキリでも、頭の中はまだ霞がかかっており、正直なところ余計なことは考えるのも面倒だった。

まあ、いいや。誰かいなくなったのなら、朝の人員点呼で分かるだろう。

のんきに構えて総員起こしの時間を迎え、海上自衛隊体操を経て、朝食の準備にかかろうとした頃……。

巡回にきた幹事付Ａの口から一角だけ毛布が畳んであった謎の答えが告げられた。

「いいか、紛失物にはくれぐれも気を付けろ。第五分隊はなあ、昨日、握把（小銃の握り手の部分）を失くして、今朝早くから捜索に出発したんだ！」

なんと……。そうだったのか！　床板が見えていた箇所は第五分隊の寝場所だったのか。

それにしても、握把を失くすなんて……。

以前、大原演習場で弾帯を失くした者がいて大いに驚いたものだが、今回もびっくりである。

昨日、私たちがT橋ブラボー候補生の失くした薬莢受けを探し回っている間、別の場所で第五分隊は握把を探し回っていたのだろう。薬莢受けは見つかったからよかったものの、握把は見つからないまま日没を迎え、今朝は総員起こし前から捜索に……。

お気の毒なことだ。しかし、決して他人事ではすまされない。明日は我が身。いや、今日は我が身である。

身の引き締まる思いで、自身の装備品を確認した次第だった。

行進間の警戒

はてさて第五分隊は早朝の捜索で無事に握把を発見できたのだろうか。確認する余裕もないままに二日目の訓練が始まった。

たしか行進間の警戒という訓練だったように思う。フル装備での行軍の最中に敵と遭遇した場合を想定した戦闘である。

行軍は行軍でも平地の行軍ではない。草木の茂った山道で、キツイ勾配をようやく上りきったかと思いきや、今度はいきなりの下り坂。足は滑るし、小銃は重い。

江田島にある古鷹山を数倍のスケールで展開したようなみごとな山道だった。

正直なところ、あまりに行軍がキツイので早く敵が現われてくれないものかと、心の底から願いながら足を動かしていた。

同行している教官が小銃を振り上げると、敵との遭遇の合図である。

この合図をもって、ただちに状況がスタートする。

それまでの二列縦隊から二手に分かれて、横一列に散開。その場に伏せて銃撃戦が始まる。

足場の悪いところでの銃撃戦なので、なかなかやりづらいところはあるものの、銃撃戦の間だけは行軍しなくて済むのでホッとした。

束の間の休息が銃撃戦だなんて妙な話である。

実弾による実際の戦闘ではないから、こんな風に書いていられるが、これが実際だったら大変な事態だ。

先の大戦で南方で戦われた方々とは、とても比べものにならない。

原村演習場のトイレ事情

行進間の訓練の合間には昼食と給水タイムが設けられていた。

それまで分隊ごと各個に行軍し、戦闘を繰り広げていた第一学生隊総員が一同に集まって缶飯を受領し、食べたように思う。

しかし、私の記憶には、この食事よりもトイレを探す切実さのほうが強力に残っている。

男子候補生はその辺で済ませていたのかもしれないが、WAVEはそうはいかない。

他にもトイレを探すWAVEがいてもおかしくないはずなのに、トイレに行きたかったのは私だけだったようで、一人でキョロキョロそわそわと探し回っていた。

そんな矢先、分隊長のS本一尉とたまたま目が合った。

私はよほど切実な顔をしていたのだろう。

S本一尉はすぐに察した様子で「トイレか?」と尋ねた。

「よし、ついてこい」

私が返事をするまでもなく、S本一尉はズンズンと歩き始める。

急いでついていったものの、S本一尉自身もはっきりとトイレの場所を把握しているわけではなさそうだった。

「たしか、この辺に小屋があったはずなんだがなあ」

と、つぶやいている。

この「たしか」とは、どこにかかる「たしか」なのか。それによって今後の展開が変わってくる。

分隊長としてあらかじめ原村演習場を下見したときの記憶にかかる「たしか」なのか。それともご自身が候補生だったときの記憶にかかる「たしか」なのか。

前者ならよいが、後者だとすると、トイレにたどり着く確率は低くなる。

約一〇年前の訓練で、しかもこのだだっ広い原村演習場のトイレの位置など、私だったらとても覚えていられない。

しかし、こわくてとてもそんなことは聞けない。

「分隊長はトイレを済ませなくて大丈夫なのですか？」

トンチンカンな質問をすると、

「お前は、俺のトイレの心配をしている余裕があるのか？」

と逆に質問され、私は黙った。

しばらく無言の行軍が続いた後、やがて前方に小屋らしきものが見えてきた。

おおー、本当に小屋があった！

私は半ば感動して叫んだ。

「あの小屋ですね！　分隊長！」

「あの中にトイレがあるはずだ。行ってこい！」

私は小屋を目指してまっしぐらに走った。

さて、無事に用を足して戻ると、S本一尉は小屋から少し離れた所で待っていてくれた。

「ありがとうございます！」

ここで止めておけばよいものを、私はまたつい余計な駄目押しをした。

「分隊長もここで済ませなくて大丈夫ですか？」

その瞬間、S本一尉は明らかに苦笑いを浮かべた。

「時武、お前は俺のトイレの心配までしなくていい」

第一学生隊長からの差し入れ

無事に用を足せた後は、午後の訓練に向けての給水が重点項目となる。

充分な水分を摂り、なおかつ、携帯している水筒の水を補充しておかねばならない。

私はトイレ行軍に時間を費やした分、この貴重な給水タイムに出遅れた点が命取りとなった。

　集合場所に戻った時点で、給水場所はすでに大混雑。私が水筒を構えて押し入る隙がなかった。

　記憶によれば、水を湛えた巨大な樽が用意されており、柄杓（ひしゃく）でその水を掬（すく）って水筒に給水するのだが……。

　押すな押すなの柄杓争奪戦で、私は柄杓に触れることさえできなかった。

　右往左往しているうちに、無情にも給水タイム終了を告げる号笛が鋭い音で鳴り響いた。

　終わった……。いろんな意味で、完璧に終わった、と思った。

　午前の分の水がまだ多少残っているとはいえ、これだけでは到底午後の訓練は持ちこたえられないだろう。

　仲間に水を分けてもらうにしても、この非常時に水は千金に値する貴重品。いや、そもそもお金などには替えられない価値がある。

　申し訳なさすぎて、とても「水ちょうだい」などとは頼めない。

　絶望的な気分で整列場所に戻ろうとしていると……。

「時武！」

　後ろから鋭い声で呼び止められた。ふり向けば、厳しい表情をした第一学生隊長だった。

「水筒をよこせ！」

返事をする間もなく「早くしろ！」と一喝され、私はわけも分からず自身の水筒を手渡した。

第一学生隊長といえば、私たち候補生が所属する第一学生隊のトップの方。当然ながら階級も高い。

そもそも、第一学生隊長がフル装備で原村演習場に来られていること自体、この時初めて知ったくらいだった。

まさか、水筒ごと持って行かれるとは……。

いや、待てよ。これはもしかすると……。いや、まさか……。

頭の中にたくさんの疑問符を飛び交わせ、分隊ごとに整列していると、ほどなくして、教官たちから午後の訓練に向けての訓示が始まった。

幹事付A(アルファ)やB(ブラボー)が、睨みを利かせながら列の間を巡回する。

やがて、訓示も終わり、いよいよ午後の訓練に向けて出発の段となったころ……。

第一学生隊長が、ツカツカと列の中に入って来られた。

「時武、水だ！」

第一学生隊長はそれだけ告げて私に水筒を渡すと、クルリと背を向けて帰って行かれた。

「エエーッ！」

周りにいた第三分隊の仲間たちから、どよめきの声が上がった。

「お前、一隊長（いったいちょう）に水を汲ませたのかよ？」

「お前、大した身分だな！」

すかさず幹事付の鋭い睨みが飛んできて、どよめきは静まったものの、分隊員たちの驚きはなかなか収まらないようだった。

皆ふり返り、しげしげと私の顔を見ている。

きっと、たまたま現場を目撃した第一学生隊長は、見るに見かねて助け舟を出してくれたのだろう。

皆の手前、ありがたいやら申し訳ないやら。

私は粛々と行進して、次の訓練場所へ向かったのだった。

第8章　最高の突撃をもう一度

偽装のセンスとマリア様

畏れおおくも第一学生隊長に汲んでいただいた水をしっかり携えて、第二日目の午後の訓練が開始となった。

ひたすら山道を行軍する行進間の警戒から、ふたたび陣地攻撃。

各自偽装を凝らしての訓練となる。

偽装とは文字どおり己（おのれ）を偽り、周囲の景色に紛れて敵から発見されぬように装う行為である。

理想的な偽装とは、なるべく身体の線が出ぬように装うもので、絵画でいえば輪郭をぼかすテクニックといえるだろう。

絵画にセンスのある人とない人がいるように、当然ながら偽装のセンスのある者とない者がいる。

私はもちろん後者のタイプだった。

当時の私の偽装を一言で表現するなら、ズバリ「お粗末」。全体的にスッカスカで、あきらかに「その辺の草をテキトーに挿してみました」感がハンパなかった。

典型的「駄目な例」として教官たちから紹介された後、隙間を埋めるように仲間たちの手を借りていろいろな草を足してもらった。

一方、「良い例」として紹介された候補生の偽装はさすがに立派だった。

ライナーを覆っている偽装用の網に、すすきやら木の枝やら背の高さの違うものの凹凸を活かして、うまい具合に挿してある。

なるほど、これなら地面に伏せて匍匐する際、頭の位置が敵にバレにくい。限られた時間でよくもここまでうまく偽装できたものだ。

感心はしたものの、この訓練の主旨は偽装コンテストではない。

偽装はあくまでサイドディッシュで、メインディッシュは戦闘である。

この後、せっかくの偽装も剥げ落ちるほどの激しい戦闘が展開され、私の目の前には、ふたたびマリア様が降臨した。

そう。まだ大原演習場で訓練をしていたころに一度降臨したマリア様。

正確にいえば、ロングスカートを穿いたマリア様らしき女性が歩いてくる気配である。

BGMもビートルズの「レット・イット・ビー」と決まっている。マリア様が現われると、なぜか涙があふれ、歓喜の思いが満ちてくる。

今にしてみれば、これはある種の「戦闘ハイ」だったのではないかと思うが……。

とにかくこのマリア様が現われたからにはもう大丈夫という思いがあった。

私はこの日もどうにか戦い抜き、無事、宿営地に戻ったのだった。

江病送り発生

非常事態はその日の夜、入浴時に発生した。

第二分隊のWAVEのH川候補生が倒れたのである。

その前に、「え？　原村で入浴なんてできるの？」と意外に思われるかもしれない。

だが、原村演習場にも風呂場はあった。もっともシャワーを浴びるだけだったような気はするが……。

一度に四人くらいが精一杯の小さな風呂場で、外観はもちろん「小屋」以外のなにものでもない。

先に入った二人がシャワーを浴びている間に残りの二人が脱衣し、シャワーを浴び終えるや直ちに入れ替わる。

その後、着替えを終えて出た二人があとの四人を呼びに行くという流れ作業にして早業。

先に入っていたH川候補生が出てきて、後発の私とK野候補生が入れ替わろうとしていたやさき、転倒したのだ。

「Hちゃん、大丈夫？　しっかりして！」

風呂上がりによくある立ちくらみの一種だったのか、短時間の失神だったのか……。

しばらくしてH川候補生は意識を取りもどしたものの、あきらかに普段の様子とは違った。

とりあえず服装を整え、同じ第二分隊のWAVEであるT村候補生に付き添われて、H川候補生はどうにか宿営地の小屋へ帰っていった。

しかし、このまま訓練続行は無理と判断されたらしく、その日のうちに車両で江田島に帰投。

「江病送り（江田島病院送り）」となった。

気の毒だと思う気持ちと、羨ましいと思う気持ち。

正直なところ、私は後者の気持ちのほうが勝っていたように思う。

できれば私も倒れたい……。

無念の思いで倒れたであろうH川候補生には申し訳ないが、私はかつてないほど江田島病院に憧憬を抱いたのだった。

宿営間の警戒

おそらくH川候補生のほかにも、怪我人、病人は発生していたと思う。

しかし、当然ながらそれで訓練中止とはならない。

その日の夜は宿営間の警戒という夜間訓練が行なわれた。これは宿営地に侵入してきた敵を撃退するというもので、主な任務は見張りである。

私たちの班は宿営地に続く広い道の脇に潜んで、ひたすらに敵の出現を待った。

辺りにはやたらと背の高いすすきが群生しており、ところどころでコオロギが鳴いている。昼間の暑さはすっかり収まり、ときおり吹いてくる風は涼しく心地よい。

澄んだ夜空にはほぼ満月にちかい月が浮かんでいた。

六四式小銃の銃口を上に向けて待機していると、銃口越しに見える月が良い構図を成しており、「きれいだな」と思った。

今にしてみれば不思議な感覚だが、私はいつかこの日の「銃口と月」について、なんらかの文章を書くだろうという確信めいた予感があった。

私がこの情景をことのほかよく覚えているのはそのせいかもしれない。

それはさておき……。

肝心の敵はいっこうに現われなかった。

そもそも敵とは誰かという話だが、このとき敵側の設定を担ったのは、九月に入校してきた飛行幹部候補生たちだった。

飛行幹部候補生とは、航空学生として採用され、パイロットや戦術航空士となるべく各部隊で教育を受けてきた候補生たちである。

部隊経験もあるうえ、航空適正を備えた候補生たちだけに、俊敏にして精悍なイメージの強い学生たちである。

九月に入校したばかりで早速、原村演習場に連れてこられるとはお気の毒だが、私たち一般幹部候補生たちと比べて、皆、身体能力の高い学生揃いだったように思う。

合言葉は「山」と「川」

私たちのミッションが宿営地の守備ならば、飛行幹部候補生たちのミッションは、まさに宿営地の攻略。

ところどころに斥候を放って、宿営地の偵察を行なっていたらしい。その斥候を捕らえるべく、見張りについていたわけだが……。

どうやら私たちが配備されたルートは、敵の斥候が通るルートからはずれていたようだ。待てど暮らせど、怪しい人影は見当たらない。

あげくの果てには、「時武、起きてるか?」「寝るなよ!」と数分おきに仲間たちから確認される有様。

日頃、居眠りばかりしている実績があるので疑われてもしかたないが、あまり何度も確認されると苦笑いせざるをえない。

「大丈夫。起きてますって」

「じゃあ、合言葉を言ってみろ。山!」

「川……」

敵の斥候を捕まえた際、誰何のために問う合言葉である。

しかしながら、「山」に「川」とはあまりにスタンダードすぎやしないだろうか。

代々、宿営間の警戒訓練で伝統的に使われてきた合言葉らしいが、もうひとひねりあってもいいのではないだろうか。

そんなこんなを考えているうち、遠くのほうで騒ぎが起こった。

「お!　やっと現われたみたいだな。いいか、斥候がここを通ったら、まず進行方向を塞いで……」

来たるべき誰何の瞬間に向けて、分隊海曹が手筈を確認する。

私の役割は、後方の警戒である。斥候に気を取られているうち、後方から不意打ちを受けるかもしれないからだ。

いよいよ出番かと期待感は高まる。

しかし、ようやく訪れた会敵の気配はこちらに迫ってくるどころか、潮が引くようにサーッと遠のいていった。

「ちっ、向こうへ逃げたか……」

分隊海曹が悔しそうにつぶやく。

実戦ならば会敵の機会などないほうがよいのだろうが、せっかくの訓練なら敵方の飛行幹部候補生を捕まえたいもの。

ひたすら次の機会を待っているうち、残念ながら宿営間の警戒訓練は終了時間を迎えた。

出発は遂に訪れず……。

しかし、あのとき感じた、「銃口と月についていつか文章を書くだろう」という予感が、二十数年後の今こうして現実となっている事実には、感慨を覚えざるを得ない。

最後の攻撃、谷が岡

長かった戦闘訓練もいよいよ三日目を迎えた。

三泊四日の訓練のうち、四日目は朝から宿営地を出発して江田島の幹部候補生学校へと帰投する長距離行軍となる。

よって、三日目の戦闘訓練が事実上、最後の戦闘訓練である。

泥試合という言葉があるが、最後の攻略地である「谷が岡」の戦闘は、まさに泥戦闘だった。

地名のとおり、谷から攻め上り、最後の急な斜面を一気に駆け上がって岡の上の陣地に突撃を仕かけるシナリオ。

じつは原村演習場にいる間に雨が降った記憶はないのだが、この谷が岡の地はドロドロにぬかるんでいた。私の記憶にないだけで、実際は雨に降られたのかもしれない。

とにかく、ドロドロだった記憶だけは強烈に残っている。

戦闘用の迷彩柄の雨衣を着用して、まずは谷からジリジリと攻め上る。

「進行方向、この方向！」

分隊海曹が手で方向を示す。

「第三ぶんたーい、前へ！」

先発組が列を成して匍匐を開始。

「えんごー（援護）！」

後発組は、先発組を守るための援護射撃を行なう。

このとき、注意しなければならないのは、小銃のセレクターを単射にしておく件である。うっかり連射に設定しておくと、ダダダダッと機関銃のように空砲が連発され、あっという間に残弾がなくなる。

だから、野外戦闘訓練では援護射撃は一発ずつ間隔を開けて有効に行なう手筈となっていた。

「点呼！　いちばーん（一番）！」

「げんざーいち（現在地）！」

先に前進した先発組は、分隊海曹が番号を叫んで人員点呼を行なう。

呼ばれた番号の隊員は拳を上げて返事をする。

さて今度は後発組の前進である。

「前へ！」

「えんごー！」

ぬかるみの中をドロドロになって這い進み、ようやく最後の突撃となるわけだが、この突撃が最大の難関だった。

なにしろ、見上げるような急斜面である。

おまけに泥だらけの足場は悪く、よく滑ること、滑ること！

しかし、突撃しなければ訓練終了とはならないので、最後の力をふりしぼって斜面を駆け上がる。

ピーッ！

教官の吹く鋭い号笛の長一声が響く。これは突撃終了の合図。
さらに続く号笛の音で「やり直し」か「合格」かが決まる。
息を切らしながら、その瞬間を待つ。
ピーッ！　ピーッ！
鋭い長二声は、残念ながら「やり直し」。
いったいどこが悪かったのか……。
総員落胆のどよめきが谷が岡を埋めた。
「みんな、気を取り直して行こう。絶対、次で終わりにするで！」
後期の室長を務めていた大阪出身のK山候補生が叫ぶ。
以前にも書いたが、終わりの見えない戦いほど辛いものはない。逆にいえば、終わり
が見えてくると俄然闘志が湧く。

室長の「次で終わりにする」には誰もが奮い立った。

よし、絶対次で終わらせるぞ！

決意を胸に、せっかく攻め上ってきたばかりの谷を降りる。

こうして始まった再攻撃は、鬼気迫るものがあった。

最後の突撃にいたっては「おりゃぁぁ！」だの「わぁぁ！」だの、皆、ブチ切れた雄叫びを上げて斜面を駆け上がった。

ピーッ！

突撃終了の長一声が響く。さて、問題はこの次だ。

皆、固唾をのんで次の笛を待つ。

ピーーーッ！

待ちに待った長一声だった。

その瞬間、総員がガッツポーズで歓声を上げた。

やった。終わったぞ！　終わらせたぞ！

まさに、その時……。

仲間同士、肩を抱き合って互いの健闘（戦闘）を称え合おうとした。

「ちょっと待て！」

まさかの「待った」が入った。

私たちは思わず顔を見合わせた。

声の主は、ずっと攻撃に付き添っていた分隊長S本一尉だった。

なに？　なに？　私たちなにかやらかした？　今、教官からの長一声が鳴ったよね？

鳴ったよね？

この期におよんで「待った」をかけるなんて、この感動の瞬間に水をさすなんて……。

分隊長は気でも狂ったのか？

不穏な空気が立ちこめる中、私たちは分隊長S本一尉の次の言葉をじっと待ったのだった。

三度目のリターン

教官たちからOKが出ているにもかかわらず、まさかの「待った」をかけ、突撃成功後の歓喜に水を差したからには、分隊長にもそれなりの理由があるはず。

とにかくその理由をうかがわないかぎりは、すんなりと谷が岡を後にはできない。

憮然とした面持ちの私たちを前にして、分隊長は大声で呼びかけた。

「お前たちの突撃はたしかに素晴らしかった。教官たちも納得していることだし、俺もそれにケチをつけるつもりはない！　だから、あくまでこれは俺からお前たちへのお願いだ。頼む。お前たちの素晴らしい突撃をもう一度俺に見せてくれんか？」
私たちは思わず互いに顔を見合わせた。
どの顔にも「いったいなんてことを言い出すんだ、分隊長は……」と書いてある。
分隊長はかまわず続けた。
「お前たちの最高の突撃をもう一度、俺は見たい。どうだ？　俺に見せてくれんか？
頼む。お前たちのこれ以上ないというくらい最高で、最後の突撃を！」
ちょうど沈みかかった日が逆光になっていて、分隊長の表情はよく分からなかった。
分からなかったけれども、分隊長が分隊長なりになにかの覚悟を決めて切り出してい
る、ということはよく伝わってきた。
「どうだ？　みんな！」
通常なら、総員下を向いてうつむく場面である。
だが、ここは原村演習場。
分隊長がなにかをかけてぶつかってきた以上、私たちもそれに応えなければならない。
たとえ全身ボロボロで、余力などこれっぽっちも残っていなかったとしても……。
最初に「うおぉぉ！」と雄叫びを上げたのは誰だったか。
次々と言葉にならない雄叫びが続き、日の暮れかかった谷が岡には私たちの雄叫びの
合唱が響きわたった。

「そうか！　見せてくれるんか？　もう一度見せてくれるんだな？」

誰もはっきり「はい！」と返事をしたわけではない。

しかし、私たちは「うおぉぉ！」とやぶれかぶれに声を上げながら、たった今攻め上ってきたばかりの岡を駆けおりていた。

谷が岡、三度目のリターンである。

正真正銘、これで最後だ。

どの顔にも決意の色がみなぎっていた。

分隊長の真意

じつはこの話には後日譚がある。

おそらく当時の第三分隊出身者なら誰しも記憶に焼きついて離れないであろう、この三度目のリターンの裏には分隊長S本一尉の深い考えがあったのだ。

当時は正直、「なんで、うちの分隊だけ他分隊より一回余計に突撃しなきゃいけないんだ？」「もしかしたら、分隊長の気分の盛り上がりに付き合わされただけなんじゃないか？」という思いをぬぐってもぬぐいきれないところがあった。

あれから二十数年経った今、つまりつい最近、分隊長を囲んで飲む機会があり、積年の疑問をぶつけてみたところ……。

「ああ、谷が岡の攻撃か。あれはな……」と、分隊長は遠い目をして語られた。

「候補生学校での訓練はたしかに厳しいが、あらかじめ決められたシナリオに則った、すべて想定内の訓練だ。しかし、実際の戦闘は違う。いざ戦地に赴けば想定外のことだらけだし、思いもよらない理不尽が横行する」

たしかにそうだよなあ、と私は思った。戦地ではない部隊勤務においてさえ、「なんて理不尽な」と感じた事案は多々あった。

「候補生学校の決められた訓練の中で、そうした理不尽さを経験できるのが、唯一、あの原村での訓練なんだ。だから、俺はあえてお前たちに理不尽さというものを味わってもらおうと考えた」

「それで、三度目の突撃を？」

「そうだ。しかし、俺の提示した理不尽さなんて、実際の戦場で発生する理不尽さに比べたらかわいいものだろ」

分隊長は笑いながら、ビールのジョッキを傾けられた。

当時はあの三度目のリターンをとても「かわいいもの」とは思えなかったが……。

とにかく、あの無理なお願い（突撃命令）はたんなる分隊長の気分の盛り上がりではなかったのだ。

あの現場で、分隊長のそうした意図を読み取れた者はいったい何人いただろうか？

（一人もいなかったりして……）

「誰にも分かってもらえなくてもいい。見返りなんぞ求めず、ひたすら砂漠に水を撒き続けること。それが教育というものだろ」

あれから二十数年。

分隊長がひたすら水を撒き続けてこられた砂漠にきれいな花は咲いただろうか。

谷が岡で三度目の攻撃を終えたとき、「素晴らしいものを見せてもらった。礼を言う。ありがとう！」と労ってくれた分隊長の声がよみがえる。

あのとき分隊長がどんな表情をしておられたか、残念ながらよく覚えていない。

候校に帰るまでが野外戦闘訓練

話は一気に二十数年前に戻り……。

ふたたび原村である。

三度目のリターンをみごとに完遂して谷が岡の戦闘にフィナーレを飾った翌日、私たちはいよいよ原村演習場を後にする段となった。

長かった野外戦闘訓練もついに幕を閉じようとしていた。

しかし、「家に着くまでが遠足」であるのと同様、「候補生学校に着くまでが野外戦闘訓練」である。

往路は車両で乗りつけたものの、帰路は徒歩で行軍しなければならない。

伝統的に野外戦闘訓練は、帰路の長距離行軍とセットなのである。

東広島の原村演習場から江田島の幹部候補生学校まで、約四〇キロの行程を延々とフル装備で歩きたおす。

歩くのは一般道なので、途中で敵に遭遇して銃撃戦……といったシナリオは一切ない。

シンプルに愚直にひたすら歩く、歩く、歩く。

「なあんだ、それだけか」と思われるかもしれない。私も正直、ぬかるみの中のひたすら匍匐し、見上げるような斜面を一気に駆け上がる戦闘に比べたら楽勝……とまではいかないものの、「まだマシなんじゃない？」と思っていた。

ところがどっこい！

最後の最後でとんだ計算ちがいだった。

まず、六四式小銃の肩かけベルトにやられて、戦闘服の下の肩が擦りむけて痛みだした。どちらかといえば、お世辞にもジャストサイズとはいえない半長靴による靴擦れを懸念していたのに、思わぬ方向から先制パンチを食らった感じである。

しかも、痛む肩を庇おうとするため、歩き方も偏ってきて、結局靴擦れに……。

唯一の癒しは、途中にはさまれる小休止だった。

神社に続く参道の脇とか、田んぼの中を通っている農作業用の通路とか、だいたいそうした場所が小休止の場所に選ばれた。

我が第三分隊のT橋ブラボー候補生は、この小休止に関しての勘が発達しており、それらしい場所が近づいてくると「そろそろ小休止だよ」と、まるで小休止探知機のような能力を発揮した。

しまいには「ブラボーさん、そろそろかな?」「いや、まだだね」などと、誰もがT橋ブラボー候補生の勘をあてにする有様……。

小休止の時間には、小銃を下ろして座ることが許され、もちろん水分補給も許可された。

昼食休憩もあり、昼食のメニューは缶飯とさばの蒲焼きの缶詰だった。

缶飯は五目御飯で濃いめの味がついており、さばの缶詰も相当に濃い味付けである。

あきらかに塩分過多な食事内容だが、汗を流し続けている身にとっては、ちょうどよい塩分補給だったのかもしれない。

行軍という名の我慢大会

長距離行軍も前半はまだ元気だった。

後ろから車がくると、気づいた者が「後方車両！」（「後ろから車来るよ。危ないよ！」ではない）と声をあげて知らせるだけの余裕があった。

ところが、昼食後しばらくして、たっぷりと補給した塩分も多量の汗で流れ出るころになると、疲労感に満ちた沈黙が私たちを取り巻いた。

ザッザッザッという足音に混じって、肩から提げている六四式小銃がカチャカチャと鳴る。それ以外に何もない。ひたすら無言で、みんな足を交互に前に出しているだけ。

あれほど待ち焦がれていた小休止の喜びも、すっかり色褪せていた。喜びといっても、ただ銃を下ろして座れるだけであり、しばしの間、重力の呪縛から肩と足腰を解放してやれる、ささやかなものだ。

それよりも小休止が終わってふたたび立ち上がって歩かねばならない苦痛のほうがつらい。

みんなそれがよく分かってきたので、誰も「そろそろかな？」などと口にしなくなっていた。

おのずと無言になるしかない。行軍という名の我慢大会である。

私はといえば、足を交互に前に出しながら、ひたすら「あとどれくらいか?」「候補生学校に着くまでに、肩と足が保つか?」といったことを考えていた。

痛みを発している身体の部位になるべく負担をかけぬよう、無駄な動きを少なくした効率的な歩き方を模索する。

しかし、遠泳のときと同様に後半になるにつれて、時間がおしてくる。

私たちが無言になればなるほど、「もっと急げ!」の命令が頻繁にかかるようになった。

このとき、命令を下していたのは学生隊本部だっただろうか。

くわしくは覚えていないが、少なくとも各分隊長は学生たちと一緒に徒歩で行軍していた。

六四式小銃を提げていないぶんだけ身軽だが、この当時の第三分隊長S本一尉は三〇代なかば。

若いとはいっても、二〇代前半の私たちに比べたら負荷が大きかったはずである。

「こら、もう少し急げ!」という命令もいまひとつ説得力が欠けるほど、ダメージを受けている様子だった。

「分隊長、つらそうだな」

野外戦闘訓練のクライマックス、敵陣に向かっての突撃。候補生たちは最後の力をふりしぼり、雄叫びを上げながら突進する。さて教官の合否判定はいかに〈海上自衛隊提供〉

野外戦闘訓練終了後、40キロの長距離行軍を歩き通して幹部候補生学校に帰還した候補生。学校長以下在校者が出迎える中、威儀を正しての行進を行なう〈海上自衛隊提供〉

「だんだん静かになってきたな」

無言の中にも、こっそりとささやく声がチラホラあがった。

唯一、救いだったのは雨が降らなかった点である。

炎天下の行軍もキツいが、十月だったので日が翳れば暑さはどうにかしのげる。

だが、雨はしのぎようがない。そもそも自衛官は傘をささないので、合羽を着て歩き続けるしかない。

その負荷がいかに大きいか、今考えただけでも恐ろしい。

ようやく江田島入りを果たしたのは、何時くらいだったろうか。

たしか、呉の桟橋から輸送艇に乗って、小用あたりから上陸したのではなかったか。

疲労で頭が朦朧としており、残念ながらよく覚えていない。

しかし、いよいよ幹部候補生学校の衛門が見えてきたあたりから、ふたたび記憶は鮮明となる。

衛門をくぐるときは、服装容儀を正す。

入校当初からの躾事項を守り、私たちは弾帯を締め直したり、傾いたライナーを被り直したり、歩きながら身づくろいをした。

どうがんばってもボロボロなのだが、威容は保たねばならない。

衛門の警衛海曹が敬礼するなか、私たちは精一杯に胸を張って、ふたたび幹部候補生学校の敷地内に足を踏み入れた。

観閲行進

たかだか三泊四日の間、留守にしていただけなのに、何年も経ったようなおかしな気持ちだった。

「無事、帰ってきたぞ」という思いと「ああ、帰ってきちゃったか」という思い。

両者が微妙に交錯し、郷愁さえ感じる。

私たちが留守にしていた間の外掃除、石砂の目立ては誰がやってくれたのだろうか？

第二、第三学生隊の皆さんだろうか？

そんなことをぼんやりと考えながら、白亜の大講堂前を通過する。

赤レンガの前では、すでに学校長はじめ、第二、第三学生隊、職員の皆さんがキリリと整列して私たちを待っていた。

「第一学生隊、かしーらー、みぎッ（頭右）！」

学生長の号令で、私たちが一斉に顔を台上の学校長のほうへふり向けて敬礼する。

学校長が「よくぞ帰ってきた」とばかりに答礼する。

「直れーッ！」

ふたたび、前に向き直った私たちは、そのまま赤レンガを通過して、表桟橋のほうへと行進していった。

桟橋のほうからは、懐かしい海の匂いがただよってくる。

この四日間というもの、泥や土、草の匂いはイヤというほど嗅いだが、海の匂いとは隔たっていた。

不思議な郷愁の正体を探りあてた思いだった。

しかし、じゅうぶんな感慨に浸る間もなく、その日の夜から情け容赦なく通常日課が始まった。いつもの食堂で夕食。いつもの風呂で入浴。甲板掃除もしっかりとあった。

半長靴で擦り剝けた足を制服のパンプスに無理矢理ねじ込んで歩いたときの歩きづらさ！

ふたたび始まる候補生学校生活の試練を象徴しているような気がした。

第9章　当直士官、クビ！

練習船実習

幹部候補生学校で行なわれる訓練の二つの天王山。遠泳訓練と野外戦闘訓練が終わった。

さあ、これでもう卒業まで楽勝！……と、残念ながら、そういうわけにはいかない。

たしかに、精神的、肉体的に苦しい訓練は終わったかもしれないが、卒業までにはまだまだ船乗りとしての素養を養っておかねばならない。

艦艇部隊が主力である海上自衛隊において、航海関係の術科の重要性は非常に大きい。

その基礎を養い、練度を上げるのが、小型練習船を使った練習船実習である。

さらにそこから発展して、実際の護衛艦を訓練用に改修した練習艦に乗り込んで艦艇生活と艦艇勤務を経験する護衛艦実習も経なければならない。

二つの天王山訓練が終了してからは、練習船実習と護衛艦実習のウエイトが俄然大きくなってきた。

練習船実習で航行する海域は主に瀬戸内海。

小さな島があちこちに点在する瀬戸内海は、陸測艦位測定訓練にまさにうってつけの場所である。

しかし、逆にいえば実習員泣かせの海でもあるわけで……。

その昔、『話を聞かない男、地図が読めない女』というタイトルの本が流行ったが、私は典型的に「地図が読めない女」だった。

地上でも読めないものが、海上で読めるわけがない。

海図台一杯に広げた海図の上で、「今、自分（自艦）がどこにいるのか」を求めて、ひたすら右往左往するばかりだった。

前期の実習では、主に自艦の位置を知ることに重きが置かれたが、後期になると、自艦の位置はあらかじめ把握していることが前提条件で、さらに安全に艦を航行させる運航に重きが置かれる。

これは私にとって、遠泳訓練や野外戦闘訓練以上に至難な訓練だった。

そもそも自艦の位置だってあやしいのに、ひっきりなしに通りかかる行き合い船や、そこかしこで操業している漁船を避けながら、安全に航行するなんて！

今、思い出しただけでも恐ろしい。

当直士官と副直士官

練習船実習で私たち実習員がつく配置は、右見張り、左見張り、操舵員などもふくまれるが、卒業後の護衛艦勤務で幹部自衛官が見張りや操舵をする機会はない。

当直士官や副直士官が、たいがいの初級幹部のつく配置である。

当然ながら、練習船実習でも当直士官役や副直士官役をどれだけうまくこなせるかが重要課題となる。

しかし、実習員の当直士官や副直士官だけで航行したら、とんでもない事態になるので、艦橋の右端にある船長席には船長がどっしりと座ってにらみを効かしている。

以前に練習船には一一号と一二号があるという話にふれたが、そのときに私が乗ったのは一一号のほうだった。

しかし、後期になって乗ったのは一二号のほう。

じつは、こちらの船長であるK塚船長は、独特（毒舌）の節回しで実習員を鍛え上げる（シバく）件で有名な名物船長だったのである。

　まず、当直士官として艦橋の前部中央にある羅針盤の前に立つやいなや……。

「コラッ！　当直士官は寝とるのか？」

「起きてます！」

「起きてどこを見とるんじゃ！　お前には、行き合い船が見えんのか？」

「見えてます！」

「見えてたら、どうするんじゃ！　このままぶつかるんか！」

「危険ですので、汽笛を鳴らします。船長！」

「早よう鳴らせ！」

……と、まるでボケとツッコミのようなやり取りが展開される。

　一番厄介なのは、当直士官に当たっているときに変針点を迎えることと、行き合い船や漁船に遭遇することである。

　漁船の船長は得てして操業に夢中なので、こちらの船舶の存在に気づいていない時が多い。

　こちらが避険船であれば舵を取ってよければよいが、向こうが避険船である場合は汽笛を鳴らして、まず気づいてもらわねばならない。

　当直士官役の候補生も気が休まらないが、船長のK塚一尉はもっと気が休まらなかっただろう。

ギリギリまで我慢して、候補生が自主的に状況を判断してなんらかの手段を取るまで見守り、いよいよ駄目なら喝を入れる。

「いつになったら安心してお前たちに任せられるんか？　毎回毎回、寿命が縮むわい！」

事後研究会の際のＫ塚船長の決まり文句である。

このほかにも、いろいろとありがたいお小言を頂戴して船を降りるわけだが……。

練習船実習の後はいつもドーンと落ち込むばかりだった。

運動盤とシミュレーター

海上自衛隊の護衛艦は、船舶として法規に則って航行するだけでなく、護衛艦ならではの戦術運動ができなければならない。

そのため練習船実習だけでなく、練習艦に乗艦して行なわれる護衛艦実習で、占位運動とか占位訓練と呼称される訓練を行なう。

複数艦で列を作ったり、陣形を組んだりして航行する訓練である。

この際、非常に重要になってくる要素が、基準艦となる艦を自艦から何度何マイルに見るかという、相対方位および距離である。

「相対」であるところがポイントで、この概念を掴むには、自艦に居ながらにして、頭の中で自艦と基準艦の位置関係を上から眺めるような視点を持たねばならない。

もともとこうした能力に長けた者もいるが、それでもいきなり護衛艦に乗って「○○の陣形をつくれ」と言われても、まずどこへ艦を動かしてよいか分からない。

そこで登場するのが「運動盤」である。

特に高価な道具ではない。

素材はシンプルな厚紙である。

そこに大きな円が印刷してあり、円には三六〇度の方位の目盛りが印してある。

その脇には、速力の目盛りが直線で印刷してある。ただ、それだけ。

基準艦の位置を円の中央と仮定して、まずは自艦の現在の位置と針路・速力を円の中に書き込む。

次に指定された陣形に占位した後の自艦の位置を、同じく円の中に書き込む。

さらに現在の位置から占位後の位置まで井上式三角定規で線を引いていくと……。

あーら、不思議。

指定された位置に移動するまでに取らねばならない自艦の針路と速力が矢印の方向と長さで一目瞭然に分かるのである。

しかも、一度鉛筆で書き込んでも、後から消して何度でも使えるというエコでコスパの良いスグレモノ。

しかし、いくらスグレモノであっても、これを使いこなせる能力がなくては宝の持ちぐされ。

そこで、まずは座学で実際の運動盤が配られ、どのように使いこなすかの教務が行なわれた。

各自井上式三角定規を構え、運動盤の上で悪戦苦闘である。

動かない机上においてさえチンプンカンプンなのに、実際に動いている護衛艦の艦橋で果たして使いこなせるようになるものなのか？

ひたすらいやな予感がよぎったのだった。

練習船実習、運動盤の教務だけでもお腹いっぱいであるところ、隣接する第一術科学校にある、航海用の大掛かりなシミュレーターを使った実習も実施された。

護衛艦の艦橋さながらに航海機器を配置した一室があり、壁一面に行き合い船や入港する港の様子の描いた画像が映るしくみになっているのである。

プログラムがスタートすると、画像の行き合い船も動き出し、艦にとって最も危険な「方位変わらず、距離近づく」という状況に陥ったりもする。

当直士官役でジャイロレピーターの前に立った実習生は汽笛を鳴らすなり、操舵号令をかけて舵を取るなり、なんらかの手段を取ってピンチを切り抜け、所定の港に入港しなければならない。

このシミュレーターはじつによくできていて、当直士官の判断がまずいと、しっかり衝突場面までシミュレーションしてくれる。

すなわち、画像が傾いて、いきなり画面全体が真っ赤になって終了するのだ。

こうなると、教官の情け容赦ない怒鳴り声が響く。

「なにやってるんだ！　当直士官、クビ！」

私もお約束のように画面全体を真っ赤に染め、みごとにクビとなった。

航空自衛隊幹部候補生学校研修

こうして苦手な教務が続く中、航空自衛隊の幹部候補生学校との懇親会という新風が吹き込んだ。

じつは、航空自衛隊の幹部候補生の皆さんは初夏の時期に奈良の候補生学校から江田島を訪れてくれており、今回の懇親会はその返礼的な意味もふくまれていた。

なにしろ、彼らが江田島を訪れてくれた時期はこちらもまだ江田島生活に慣れ切っておらず、赤鬼・青鬼の咆哮に絶えず怯えながらの接待という情けない有様。

しかし、お客様であった彼らにとっては赤鬼・青鬼の存在自体が大変興味深く新鮮だったようだった。

「これが噂に聞く赤鬼・青鬼ですか」

「生で見られるなんて光栄です」

と、目を輝かせながら私たちが蹴散らされている様を見学されていた。

岸壁に記念展示されている戦艦陸奥の砲塔の前で一緒に記念撮影をしたり、食堂での立食パーティーでは、互いに制服を交換し合って写真撮影などした。

まだ夏服の時期で、白い制服はＷＡＦ（ワッフ）（航空自衛隊の女性自衛官）さんたちに大好評だった。

「この白い制服、一度着てみたかったんですよねー」

「白いけど意外に透けないんですね！」

テンションの上がるＷＡＦさんたち。

一方、私はＷＡＦさんの青いシャツと紺のスカートを借りたはいいが、ウエストが入らなかったらどうしようかと内心ドキドキだった。

たまたま同じような体型の方だったので、無事に入ってホッとしたのを覚えている。

じつは、私たちの夏服は上衣をスカートにインして穿くタイプではなく、上衣を上に出して穿くタイプ。

だから、多少太っても外からは分からない。一方、ＷＡＦさんたちの夏服はしっかりスカートにインして穿くタイプなので、バッチリ外からウエストラインが分かってしまう。

こうした点からも海を選んで良かったな、などと思った次第だった。

さて、今回の懇親会は冬服の時期。練習船実習や運動盤の使い方などでついてゆけず、すっかり落ち込んでいた時期だったので、ちょうどよい気分転換（といってはナンだが）となった。

初めて訪れる航空自衛隊幹部候補生学校は歴史の古い奈良にあるわりには、近代的で都会的なイメージの学校だった。

どこに出るにもまずはフェリーに乗って……の江田島と違い、電車に乗れば簡単に京都にも出られてしまう。

高校の修学旅行先が京都・奈良だった私にとって、ひょいと京都まで足を伸ばせるという環境は、じつにうらやましく思えた。

休日に京都の寺や神社めぐりができるなんて素敵！

しかし、これはあくまで「お客様」の発想であって、日ごろから訓練や勉強に励んでいる航空自衛隊幹部候補生の皆さんにとっては「それどころではない」のが正直なところだったようだ。

総員起こしから一日を見学させてもらったが、彼らの日課はまず走るところから始まる。

江田島では号令調整や腕立て伏せ、海上自衛隊第一体操が始まりで、そこからいきなり総短艇が入ったりもするが、日常的に「走る」という日課はない。

だから、この早朝ランニングは新鮮だった。

ひとしきり一緒に走って心肺機能を高めたところで、おいしく朝食をいただき、あとは自習室などを見せていただいた。

江田島の古式ゆかしい自習室とちがって、機能的で自由な感じの自習室である。

イメージだけで詳細を覚えていないのは残念だが、もしかしたら、この「自由な感じ」の出どころは、彼らが大きな訓練を終えて余裕のある時期にあったせいかもしれない。

私たちの原村での野外戦闘訓練に匹敵するような訓練（基地警備訓練と呼称されているらしい）が終わって、あとは卒業を待つばかりといった話をうかがった。

じつは私の母校であるM大学の体育会航空部出身の方（T石候補生）がこの中におり、同じくM大学航空部出身である第五分隊のS崎候補生との再会をとても喜んでいた。

同じM大学体育会つながりということで、アーチェリー部出身の私も夕食後の懇親会で話の輪に混ぜてもらい、母校の話で盛り上がった。

この懇親会の後だったか、課業後だったかは忘れたのだが、たしか電車に乗って京都まで、くり出し、生八つ橋を買って食べた記憶もあるのだが……。

このあたりは、もしかしたら修学旅行の記憶と混ざっているかもしれない。

とにかく、再び修学旅行に来たような、新鮮でどこか懐かしい航空自衛隊幹部候補生学校の研修だった。

弥山（みせん）必勝！

入校当初は卒業なんてイメージすらできなかったものの、遠泳訓練と野外戦闘訓練が終わると急に「卒業」の二文字がチラつきはじめる。

この頃になると、学生たちの間では「卒業までに何か一つは獲らないとな」が合言葉のようになっていた。

何か一つとは、ズバリ分隊対抗競技での優勝である。

我が第三分隊は夏に総短艇で一度優勝した経験はあるものの、これは分隊対抗競技ではなかった。

分隊対抗競技である短艇競技では敗れ、通信競技でも振るわず、水泳大会では敗れ、球技大会でも駄目だった。

誤解を避けるために言わせていただくと、ここでいう「敗れた」「駄目だった」は

「優勝できなかった」という意味であり、必ずしも最下位というわけではない。

しかし、一般社会での「優勝できなくたっていいじゃん、がんばったじゃん」は、候補生学校では意味をなさない。

優勝しなければ「勝った」と認識されず、がんばったことにはならないのである。

これまでの結果としては第一から第六までの六個分隊のうち、第一分隊は通信競技で優勝。第二分隊は短艇競技、第五分隊は水泳大会、第六分隊は球技大会でそれぞれ優勝している。

優勝経験がないのは我が第三分隊と第四分隊のみ。

しかも、候補生学校生活も後半に入ると、残る分隊対抗競技の数も限られてくる。プレッシャーがかかるのは、いうまでもない。

この時期、残っていた分隊対抗競技は、弥山登山競技と持久走競技の二つ。できればどちらかの競技で優勝したい。

いや、どちらかで優勝しておかないと非常にカッコ悪い。

同じ優勝をねらうなら、先に行なわれる弥山登山競技のほうがいい。

先に一回優勝しておけば、あとの持久走競技にかかるプレッシャーは軽減される。

最後の最後まで「優勝しなきゃ」のプレッシャーと戦うよりましだ。

そんな切羽詰まった戦略により、我が第三分隊は「弥山必勝！」を誓って、急速に結束を固めたのだった。

まずは古鷹山攻略

さて、弥山登山競技とはどんな競技かという話の前に、弥山とはどんな山かという話から入っておきたい。

日本の国家遺産である厳島神社で有名な広島県廿日市市宮島町。その中央部にある標高約五三五メートルの山。これが弥山である。

その昔、真言宗の開祖である空海が、この山の形を仏教思想における世界観の中心「須弥山」に似ていると思ったことから「弥山」と名付けたという。

この山の頂上から見た瀬戸内海の島々の風景は絶景でミシュラン・グリーン・ガイドでも三ッ星を獲得しており、またパワースポットとしても有名らしい。

そんな景勝地で、なんでわざわざ分隊対抗競技を？　と思う方も多いだろう。

しかし、この競技は旧海軍兵学校時代から続く、伝統深い競技なのである。

幹部候補生たちは大聖院の登山道入口から仁王門跡まで石段だらけの約二キロのコースを各分隊ごとに一斉に駆け上り、その平均タイムを競う。

平地でさえ、二キロの距離を全力で走るのはキツいところ、登山道を一気に駆け上がるのである。

　いくら日頃から鍛えているとはいえ、いきなりおいそれと駆け上がれるものではない。遠泳訓練の場合と同様、訓練のための訓練が必要で、その恰好の場所が、候補生学校の近くにそびえている古鷹山なのだった。

　古鷹山を制する者は弥山を制す。

　これも旧海軍兵学校時代からの伝統だったのではないだろうか。

　さて、悲願の分隊対抗競技優勝をかけて、栄えある（？）第三分隊弥山係となったのは一課程学生のO島候補生だった。

　弥山係とは、ズバリ分隊を弥山登山競技で優勝させるための責任者。

　優勝するための作戦を練り、優勝するための訓練を計画し実行していかねばならない。

　O島候補生は防大時代、ボクシング部に所属していただけあって、元々ファイターの気質があったのかもしれない。

　さっそく自ら休日に古鷹山を駆け上って感触を確かめ、いよいよ分隊員を召集して、古鷹山攻略作戦に打って出たのだった。

魔法のドリンク

古鷹山は標高三九四メートル。弥山より低いとはいえ、立派な山である。

やはり、駆け上がるにはキツい。しかもまだ訓練は始まったばかりで慣れていない。

最初のうちは途中で歩いてしまったり、とても山頂まで完走できたものではなかった。

特に負担がかかるのは脚で、太もものあたりがパンパンに張ってくる。次にくるのは腰。少しでも負担を減らそうと前傾姿勢で登るものの、決して楽ではない。

呼吸も乱れに乱れ、後半にさしかかるにつれて苦しさは募ってくる。

最初の訓練では「こんな調子で本当に弥山を登り切れるのか？」と思いやられた。

優勝なんて、夢のまた夢……。

それでも弥山を登るか遠泳をもう一回やるか、と問われたら、私は迷わず弥山を選んだと思う。

どんなに苦しくても弥山登山で溺れることはないし、息継ぎが甘くて水が入り、噎せる心配もない。

ところが、逆に「弥山に登るくらいなら遠泳のほうがマシ」という人もいたのである。

野外戦闘訓練時に自ら紛失した薬莢受けを発見し、「あったー！　ありましたー！」

の名セリフを叫んだT橋ブラボー候補生である。

水泳の得意な彼は、走るのが苦手だった。

高身長で身体も大きかったため、走る際のハンディが大きかったのだろう。

山登りや持久走には、やはり軽量コンパクトタイプのほうが有利だ。

T橋ブラボー候補生は弥山や古高山を憎んでさえいたようだった。

私は直接目撃してはいないのだが、じつはT橋ブラボー候補生は古鷹山登山の際、「魔法のドリンク」と称する飲み物を入れた水筒を携帯していたらしい。

これを間近に見ていたI川候補生の話によると……。

「なんかさあ、茶色っぽい液体で、横からのぞこうとすると、やたら隠すんだよ。だから『それ、中に何が入ってるの？』って聞いてみたんだ。そしたら、ウーロン茶だっていうんだけど……」

話の流れからして、どうもウーロン茶ではなさそうだ。

「で、結局、何だったの？」

「いや、分からない。とにかくその『魔法のドリンク』を飲むとパワーが出るんだってさ」

あやしい……。

まさか、栄養剤をなみなみと入れて携帯していたのだろうか？

それとも、ウーロン茶のプラシーボ効果でも期待していたのだろうか？　苦手な山登りで「飲まずにやってられるか！」とばかりに、水筒をあおっていたT橋ブラボー候補生の姿を思い出す。

小月航空実習のモーボ教官

こうして週末の古鷹山での自主練習が続くなか、二課程学生の航空実習が始まった。向かった先は山口県の小月航空基地。第二二一教育航空隊（現在の小月教育航空隊）の研修である。

ここは海上自衛隊で航空機のパイロットの道に進む者が初級教育を受ける場所であり、いわばパイロットの登竜門といってよい。

小型練習船の操艦さえままならない私がパイロットなど到底およびもしないが、ふだん艦艇勤務を前提とした術科の教務に食傷気味だったせいもあり、この実習は新鮮だった。

二課程学生たちの中にはパイロット志望の者も少なからずおり、彼らにとっては待ちに待った本命の実習だったのではないだろうか。

さて、その第二二一教育航空隊で私たち候補生の世話係として登場したのは、私たちと年齢も近い二尉か三尉の幹部の方だった。

航空部隊であるはずの小月航空基地で、ウイングマークではなくなぜか艦艇マークを胸につけたその初級幹部の方は「君たち、どうして艦艇幹部の俺がここにいるのか不思議に思うだろう？」と自己紹介を始められた。

「ここで学んでいる航空学生たちに短艇の漕ぎ方を教える、それが俺の仕事なんだ」

なんと、航空部隊でも短艇を漕ぐのか！

これには一同、感心してしまった。

しかし、これは言われてみれば当然なのかもしれない。いくら航空部隊でも、海上自衛隊の部隊である限り、すべての基本は艦艇勤務なのだ。

その証拠に、夜の掃除の時間には、しっかりと「甲板掃除！」のマイクが入っていた。

この航空実習では仕上げなければならないレポート課題がしっかりと出されており、おまけにテストまで実施されるはこびとなっていた。

レポート課題はグループ研究みたいなもので、この課題作成のリーダー役を引き受けてくれたのは、一般大学の航空工学部出身のF本候補生だった。

課題のテーマは航空機のエンジンについてだったと思う。

課業が終わってから、F本候補生の音頭で夜の講堂に集まり、ターボプロップエンジンの特性と仕組みについて、みんなで勉強し合ったのを覚えている。

そこでテスト対策として、モーボ教官とは何かという話題になったとき、私の頭の中では「モーボ」がなぜか「孟母」に変換されてしまった。

「ああ、それはすごく教育熱心な教官のことだよね？」

と発言した瞬間、私に向けられたF本候補生の驚きに満ちた表情が忘れられない。

「どうしてそう思うんだ？」

「だって、『孟母三遷』ていうでしょ？」

あろうことか、私は得意になって中国戦国時代の儒学者である孟子の母親が息子の教育環境を整えるために三回も引越しをした話を披露した。

これに対してF本候補生は圧倒されたような様子で唸った。

「そんな教官がここにいるわけないだろう？」

そのとおりである。

今にして思えば、なんとトンチンカンな発言をしたものか。

いかに私が小月航空基地の教官たちの説明を聞いていなかったか、よく分かる。

モーボ教官の「モーボ」とはモービルコントロールの略。

モービルコントロールとは、航空機の着陸点付近に配置されている黄色いトレーラーの中から、教官が航空学生の操縦する航空機の着陸状況を見て、無線で助言や指示をすることである。

トレーラーの中から着陸を見守っている教官こそ「モーボ教官」であり、我が子のために三回も引越しをする教官ではない。

とんだ孟母ちがいだった。

練習機T－5の過剰な演出

航空実習のメインイベントといえば、練習機T－5の体験搭乗である。

海上自衛隊の全パイロットはまずこの練習機に乗って飛行訓練をスタートする。

エンジン・プロペラが機首に付いた、いかにも練習機らしい形態。搭載エンジンは、座学で勉強したターボプロップエンジンである。

最大四名が搭乗可能ということで、私たち候補生は三名一組となって搭乗するはこびとなった。

私は第三分隊のWAVE候補生であるK野候補生と陸上自衛隊から転職してきたT木候補生と組んだ。

パイロットは小月の教官であるM三佐。

当時の飛行服は、現在の深緑色のものではなく、目にも鮮やかなオレンジ色の飛行服だった。

といっても、飛行服を着用していたのはM三佐のみで、私たちは通常の作業服に白いヘルメットを被った出で立ち。

座席はメインの操縦席の隣に一名。それぞれの後ろに一名ずつ座れるようになっていた。

誰がパイロットの隣に座るか激しく譲り合った結果、K野候補生が座ってくれるはこびとなり、私とT木候補生は後部座席に並んで収まった。

高所恐怖症の私の心拍数はこの時点ですでに最高潮。

離陸前からジタバタして、「まあ落ち着いて。まだ飛んでないから」と、隣席のT木候補生に笑われるありさま。

上空では、せっかくでM三佐が眼下に見える地形を説明してくれているのに、恐怖のあまり何一つ頭に入ってこない。

そのうち機長席の横に座ったK野候補生が操縦を任される段となり、K野候補生は落ち着いて右旋回と左旋回をくり返した。

ここまではよかったのだが、さらにM三佐から「では、非常事態の想定として、この辺でエンジンを停止してみましょう」と信じられない提案が……。

「やめてくださいッ！　結構です！」

いくら素人でも上空でエンジンを停止したらどうなるかくらい想像がつく。重力の法

海上自衛隊の練習機T-5。富士重工製ターボプロップ機で初等訓練に使用される。全幅10メートル、全長8.4メートル、最大速力357キロ／時、乗員4名〈海上自衛隊提供〉

小月基地での航空実習に参加した著者ら第3分隊の二課程学生(前列右端が著者)。格納庫のT-5練習機の前での記念写真で、この内2名が航空機整備に進んだ〈著者提供〉

則にしたがって、ひたすら落下するのみだ。

もちろん、すぐにエンジンを再起動させるのだろうが、その間の空白の恐怖を思っただけで鳥肌が立つ。

私の必死の〝遠慮〟によってエンジン停止は免れたものの、しばらくは予断を許さないT－5の空中散歩が続いたのだった。

第10章　弥山登山競技、まさかの優勝

ヨット貸切で宮島クルーズ？

刻々と弥山（みせん）登山競技本番が近づいてくる。

私たち第三分隊の面々は近くの古鷹山での自主訓練を終了して、いよいよ弥山での自主訓練を開始した。

弥山係のO島候補生が第一術科学校のヨットを借りる手続きを取ってくれたおかげで現地集合ではなく、第一術科学校のヨット桟橋から宮島まで直通便が出るはこびとなった。

しかし、残念ながらこれで休日は優雅に宮島クルーズ……というわけにはいかない。

あくまで自主訓練のための宮島入りなので、ヨットはセールさえ張らず、ひたすら機走。

乗組員たちは、宮島到着後の登山訓練に備えてスキッパー（艇長）以外は体力温存のための睡眠タイム。

さながら労働に駆り出される奴隷を満載した奴隷船のような様相を呈していた。

スキッパーは江田島から宮島まで交代なしの一直体制。

弥山係である責任感からO島候補生がこの地獄のワンローテーションを買って出てくれたものの……。

舵取りを任せきりで睡眠を取る仲間たちの寝顔を見ているうち、だんだん怒りが込み上げてきたのだろう。

「おい！　誰かほかに小型船舶（小型船舶運転免許）持ってる奴いねえのか！」

と吠え始めた。

ギクリ……。

じつは、私は夏季休暇中を挟んだ土日休暇を利用して、四級小型船舶運転免許を取得していた。

実技教習では第一術科学校のヨットで機走して宮島まで往復した経験もある。

やるせない怒り心頭中のO島候補生に、恐る恐る申し出た。

「あの……、私、代わりましょうか？　四級だけど……」

「はあ？」

　Ｏ島候補生は、思いきり疑わしそうな目で私を見ると、「大丈夫なのか？」と念を押した。

　大丈夫といえば大丈夫だし、大丈夫でないといえば大丈夫ではない。

　実技教習の口頭試問で「船舶にとって危険な波は？」と問われ、「津波です」と答えて教官に呆れられた実力の持ち主である。（ちなみに正解は三角波）

「じゃあ、このチャート（海図）を見て、（ヨットが）この辺まで来たら起こしてくれ」

　すべてＯ島候補生による手書きのシンプルなチャートだった。

「いいか、必ず起こしてくれよ！」

　何度も念を押して寝る体勢に入ったものの、ほんの五分も経たぬうちＯ島候補生は起き上がった。

「ああ、眠れねえ！」

　よほど私に舵取りを任せるのが心配だったのだろうか。

「俺の名前で借りてるヨットだからな、やっぱり俺が責任持たないとな」

　なんだかんだといって責任感の強いＯ島候補生なのだった。

T橋ブラボー候補生のお願い

そうこうしているうち、世界遺産である厳島神社の大鳥居が見えてきた。

朱塗りの柱が秋の空に映えている。

ああ、これが登山競技の練習ではなく、宮島観光だったらどんなによいだろう。

JRの宮島フェリーや松大汽船の観光フェリーが観光客を満載して、大鳥居付近を航行するのを横目で見ながら、私たちはひたすら入港準備である。

「おい、そろそろ着くぞ。みんな、起きろ！」

O島候補生のかけ声で起き上がった分隊員たちは、係留用のもやい索などを準備する。

大型フェリーが達着する桟橋とはべつに、宮島にはヨットなどの小型船舶が係留できる桟橋がいくつかある。

空いているところに係留していると、すでに到着して練習を開始しているとみられる他分隊のヨットを発見した。

また、ほかの観光客たちに混じって宮島フェリーで宮島入りしてくる分隊もあった。

いずれも観光ではなく登山目的なので、首にタオルを巻いたジャージスタイルに候補生学校の部隊帽である。

一般の観光客の方々からすれば「この集団は、なに？」と、さぞかし奇異に映ったことだろう。なにも怪しまず、人懐こくオープンに出迎えてくれたのは、宮島名物の鹿たちくらいである。

どんな身なりをしていようが、彼らにとっては、エサをくれる人はみな神様。現在は鹿たちにエサをやってはいけないとされているようだが、当時はまだ「鹿のエサ」が普通に売られていたように思う。

長い睫毛に縁取られたつぶらな瞳で「エサ、ちょうだい♡」とすり寄って来る彼らの愛くるしい姿を愛でながら、私たちは一路、大聖院の登山口へ。

「今日はタイムを計るからな！　みんな、本番だと思って登ってくれ！」

O島候補生の音頭で、一斉に階段だらけの山道を駆け上がる。

前にも触れたが、弥山登山競技は各分隊ごとの平均登山タイムで勝敗が決まる。

突出して速い者がいることよりも、突出して遅い者（要するに平均タイムを大幅に下げて、足を引っ張る者）がいないことのほうが望ましい。

この点において、登山タイムの遅さでデッドヒートを繰り広げていた私とT橋ブラボー候補生の存在は、まさに競技の勝敗を分ける鍵といってよかった。

分隊長のS本一尉からも直々に「時武、お前はなにがなんでもブラボーより速く走れ！　そしてブラボー、お前は死んでも時武に負けるな！」と言い渡されていた。

この日の本番さながらのタイム測定でも、私とT橋ブラボー候補生は互いに抜きつ抜かれつ激しいしんがり争いを展開した。

結局、わずかの差で私が先にゴールしたものの、どんぐりの背比べである。

O島候補生も測定タイムの一覧を見ながら渋い表情。

そんなとき、「時武さん、ちょっと、ちょっと」と私はT橋ブラボー候補生に手招きされた。

「あのね、お願いがあるんだけど……」

いかにも「ここだけの話」といった雰囲気である。

「時武さん、もう少しゆっくり走ってもらえないかな？　時武さんより遅いと、僕、分隊長にシバかれる（喝を入れられる）んだよね」

東北弁訛りの残る、素朴な口調でお願いされた。

うっかり「いいよ」と答えてしまいそうになったが……。

いやいや、ブラボーさん。それは駄目でしょう。

丁重にお断りした次第だった。

上を見ればキリがない

弥山登山競技のタイムをめぐる競り合いのほかにも、私とT橋ブラボー候補生との間で、もう一つ競り合っているものがあった。

ズバリ、追試の数である。

曽祖父が日本郵船の機関長で、祖父は機関士という機関科の家系に生まれながら、情けないことに私は機関科系統の教務がまったくの苦手だった。

試験も欠点（六割以下の点数）ばかりで、機関科のほとんどの科目が追試となってしまった。

難儀なことに機関科の教務は数多く、ゆうに五つはこえていたのではないだろうか。そのすべてで追試となると、これはスケジュール的に相当忙しい。

正規の試験は教務時間に行なわれるが、追試はたいてい休み時間や課業後に行なわれるので、本当に休む暇もない。

追試の時間と追試該当者の名前は通路脇のホワイトボードに書かれるのだが、教官も気を遣ってくれているのか大々的には書かず、メモ書き程度のさりげなさでチョロリと書いてある。

しかし、このチョロリがじつはとてもこわい！

「りほちゃん、なんかホワイトボードの文字が増えてない？」

「そうだね。行きにはあんな文字はなかったのにね」

食堂からの帰り道、遠くからホワイトボードを見ながら、同じく機関科が苦手な第五分隊M崎候補生とささやき合う。

「いやな配列だねえ」

「いかにも追試の告知っぽいねえ」

遠目に発見したいやな文字列を恐る恐るたしかめにいく。

すると……。

「ああ、やっぱり！」

二人そろって、ホワイトボードの前で愕然とする。

追試の科目と追試開始時刻・場所のあとに、各分隊ごとに該当者の名前が書き込まれている。私とT橋ブラボー候補生の名前は必ずといっていいほど並んでいた。

いわば絶望のホワイトボードである。

ここで、たまに名前を連ねるM崎候補生による名言が生まれた。

「上を見ればキリがない。下を見れば後がない」

まさに、そのとおり！

ハッと気づいて下を見れば、無事に卒業できるかどうかの断崖絶壁に立っている自分がいる。

これほど恐ろしい事態がほかにあるだろうか。

蜘蛛の糸

こうして追試地獄にあえぐ私とT橋ブラボー候補生の目の前に、あるとき天界からキラキラと輝く一本の蜘蛛の糸が下りてきた。

糸を垂らしてくれたのは、お釈迦様ならぬ、我が第三分隊の後期室次長となったK田候補生である。

第三分隊からこれ以上追試受験者を出さないため、わざわざ室次長自ら「テスト対策」という名のマル秘ノートを作成し、それをコピーして配布してくれたのである。

これを蜘蛛の糸と呼ばずして何と呼ぼうか！

ありがたや、ありがたや〜。

涙を流してぶら下がる私とT橋ブラボー候補生だったが、そこに天界からキツイお叱りの声が……。

「時武さん、ブラボーさん、二人して追試の数を争うとは、いったいどういうことですか！」

ハイ、ごもっともです〜。

「だいたい時武さん、あなた、教務中に寝過ぎです。教務中に何も聞いてないから、追試になったりするんですよ！」

ハハアーッ、まさにそのとおりでございます〜。

K田候補生は教務班講堂では私の隣席。豪快な居眠りを横からたびたび目撃されているため、何の申し開きもできない。

今度こそ一発でパスせねば……。

K田候補生の作成してくれた、金色に輝く「テスト対策」を手に、今さらながら対策に励む。

さすが元T大生のノートだけあって、マル秘ノートは要点がまとめてあって分かりやすかった。

なるほど、こんなふうにノートを取って勉強すればいいのか……と、江田島生活も後半になってやっと気付く情けなさ。

K田候補生による蜘蛛の糸オペレーションのおかげで、どうにか追試地獄の淵を這い上がった次第だった。

二四分の壁と宮島名産しゃもじ

さて、追試地獄を這い上がった後は標高五三五メートルの弥山がそそり立っていた。

いよいよ、弥山登山競技本番である。どうにかこの競技で初の分隊優勝を勝ち取り、分隊長S本一尉に花を持たせたい。

ちなみに、各分隊の平均登山タイムは二〇分程度。

我が第三分隊の男子候補生たちの中には、一〇分台中盤でゴールできる者も多かった。

彼らが全体の記録を持ち上げてくれているおかげで、O島候補生の分析によれば、私とT橋ブラボー候補生がともに二四分を切ってゴールできれば優勝が見えてくるとのこと。

ところが、二四分の壁は厚く、練習の段階では私もT橋ブラボー候補生も、どうしてもその壁を破ることができなかった。

そうしていざ迎えた競技当日。

天候は晴れで、暑くもなく寒くもない、絶好の登山日和だった。

揃いの分隊Tシャツに短パン。背中に雑嚢を背負ったスタイルで大聖院の登山口に整列した私たちは、時間差を設けて、各分隊ごとの一斉スタートを切った。

互いに声を掛け合いながら石段を一気に駆け上がる。

先頭集団は、あっという間に見えなくなり、ひたすら中堅集団のうしろ姿を追う。

いつもはこの辺りから、私とT橋ブラボー候補生の一騎打ちとなるのだが、この日のT橋ブラボー候補生の勢いは鬼気迫るものがあった。

大きく引き離されたT橋ブラボー候補生の背中を追ううち、横合いから思わぬ伏兵が……。

「コラッ、時武！　しっかりしろ！」

なんと、隊付のO田三佐がTシャツ短パン姿で後を追ってきたのである。

隊付が飛び入り参加するとは寝耳に水。しかも、かなり速い。

少しでもペースが落ちると、すかさず後ろから追い立てられるので、へたばっている暇もなかった。

まさかの隊付効果！

私のペースは飛躍的に上がり、それまで絶望的だった二四分の壁をとうとう突破したのだった。もちろん、私の先を走っていたT橋ブラボー候補生も突破したのは言うまでもない。

その結果……。

我が第三分隊の優勝が決まった。

初の分隊対抗競技優勝に満面の笑顔のS本一尉と感極まった表情の弥山係O島候補生。優勝記念に宮島町から寄贈された顔の大きさほどもある名産のしゃもじとミス宮島を囲んでの記念撮影は今でも誇らしい思い出である。

記念の大型しゃもじはしばらく第三分隊の休憩室に飾られていたが……。

あのしゃもじはあれからどうなっただろうか。

災難は忘れたころにやってくる――ふたたび

弥山登山競技で初の分隊対抗競技優勝を果たし、追試地獄もどうやら脱出し、あとはひたすら卒業に向けて邁進するのみ。

……というところ、それは唐突にやってきた。

総短艇である。

時はまさに大掃除の最中で、私は作業服の上に「冬の主役」と銘打たれた紺色の簡易ジャンパーを着て、赤レンガの窓を拭いていた。

「学生隊待て！　第一学生隊、総短艇用意」

久しぶりに聞く号令に、「おお！」と戦慄が走った。

総短艇は「不意の戦闘」なので、幹部候補生学校にいるかぎり、いつかかってもおかしくはない。

その事実をすっかり忘れていた。

窓を拭く手をピタリと止め、ひたすら「待て」の体勢を取る。

操法やら服装やらの示達が終わり、「……以上。かかれ！」の号令とともに、私は「冬の主役」を窓の下に脱ぎ捨てた。

作業帽のあご紐をしっかり掛けて、

「エイッ！」と、窓枠から外へ飛び降りる。

思ったより窓枠が高い位置にあったため、下の地面に着地するまでの滞空時間が長く、ヒヤリとした。

今だったらとても耐えられないだろうが、当時はまだ二十代前半の若さである。着地とともに、足腰にかなりの衝撃を受けたものの、すぐに立ち上がってダビッドに向けてダッシュを開始した。

この時点で、辺りにはまだ誰もいない。

そもそも、赤レンガからダビッドまでの距離は短く、赤レンガの窓拭きに当たっていた事実こそが、かなりのアドバンテージだったのだ。

「やった！」と思ったのも束の間、「待てよ」とイヤな予感が追いかけてきた。

このままだと、ダビッドに一番乗りで到着してしまう……。

宮島の標高535メートルの弥山を登る弥山登山競技。コース全長約2000メートル、約2000段の石段を一気に駆け上がる海軍兵学校時代からの伝統競技だ〈海上自衛隊提供〉

弥山登山競技に優勝した著者ら第3分隊の記念写真。3列目左端が著者、最前列右から3人目が分隊長。優勝分隊が優勝旗・賞状と共に、ミス宮島(現在は宮島観光親善大使)から大しゃもじを授与され一緒に記念写真を撮るという伝統は、現在も続く〈著者提供〉

そもそも、今までの総短艇ではいつも最終到着だったため、私が到着するころには、すでに短艇の降下が始まっていた。

つまり、私は初動で短艇降下に立ち会った経験がゼロだったのだ。

ヤバい、ヤバい。最初に到着した者はなにをするんだっけ？

たしか、最初に到着した者が指揮官だから、号令をかけるんだったよね？

そうそう、最初の号令は「第三カッター降ろし方用意！　ストッパーかけ！」だ。号令さえかければ、あとは二番手、三番手の到着員がストッパーをかけてくれる。

心の中で反芻しながら、足を回転する。

……と、そのうち、ダビッドから遠く離れたところからダッシュしてきたであろう俊足の分隊員たちが私に追いついてきた。

まずい！　ここで抜かれたら、指揮官ではなく、「ストッパー要員」になってしまう。なにしろ、それまで本番でストッパーをかけた経験などないのだから、ここはなにがなんでも一番乗りして、指揮官にならなければ……。

ひたすら足の回転にターボをかけたものの、元々の馬力が少ないためたかがしれている。ダビッドを目前にしながら、スイッと二名に抜かれ、私は三番手到着となった。

「第三カッター降ろし方用意！　ストッパーかけ！」

私がかけるはずだった号令を、一番手到着の指揮官が大声で叫ぶ。

二番手到着員が迅速にダビッド左側の架台からストッパーを短艇索に巻きつける。

「左、ストッパーよし！」

「左、了解！　右、どうした！」

右ストッパーをかけるのは、三番手到着の私の役目である。

しかし、それまでストッパーをかけるどころか、ストッパーを握ったことすらない私は、太いストッパーを持ってオロオロしていた。

ここで復習しておくと、「ストッパー」とは、ただの太い索（ロープ）である。

これを短艇の吊ってある短艇索の縄目に逆らうように巻き付けて、互いの縄目の摩擦抵抗で、短艇の重さを支え、索の走り出しを食い止める（ストップさせる）のだ。

この際、縄目の方向は重要で、右ストッパーと左ストッパーでは、巻き付ける方向がそれぞれ違う。

ええっと、右ストッパーはどっちから巻くんだっけ？　赤レンガ側からだっけ？

「なにやってんだ！　代われ！」

逡巡しているところを後から来た到着員に弾き飛ばされるようにして、交代させられた。

いとも簡単にクルクルとストッパーを巻き付ける交代員。

「右、ストッパーよし！」

「了解！　短艇索解け！」

あれよあれよという間に短艇降下が始まり、私はその他作業員として、右か左の短艇索についた。

その後の詳しい記憶がないところからすると、私はそのまま予備員として岸壁待機。我が第三分隊の優勝もなかったと思う。

一連の流れを見ていた分隊長S本一尉からは鋭いご指摘が……。

「時武。お前、ストッパーのかけ方、まったく分かってないだろう?」

今一度、総短艇の手順を確認せよとのお達しがあり、分隊員総員で自主的に総短艇の練習をするはこびとなった。

今にして思えば、ストッパーの手順があやしいなら、無理して全力ダッシュなどせず、もっとゆっくり走って後から到着すればよかった気がしなくもない。

いやいや、それ以前に、ストッパーのかけ方を最初からちゃんと覚えておけ、という話か……。

江田島教会

さて、年の瀬迫る江田島だったが、私にはどうしても行ってみたい場所があった。

候補生学校から小用桟橋へと向かうバス道路から見える教会である。

じつは、大原の演習場で初めてマリア様の幻覚を見た後、原村の演習場でも同じマリア様の幻覚を見ていたのだ。

どうにもマリア様が気になっていたところ、小用桟橋へと向かうバスの窓から十字架を発見し、卒業までにどうしても、あの教会に行ってマリア様にお礼を言わなきゃ、という思いにかられていた。

私は、あの野外戦闘訓練から無事に帰還できたのは、マリア様のおかげでもあると信じていた。

我が家は浄土宗の仏教で、キリスト教とは縁もゆかりもない家系だったが、そんな事情はすっ飛ばして、私の中のマリア様の存在は、日に日に大きくなっていた。

決行したのは、とある日曜日だったように思う。

「よし、行こう！」と思い立ち、何の連絡もせず、いきなり日曜礼拝に飛び入り参加した。

さぞかし奇異な目で見られるかと思いきや、教会のM崎牧師は「ようこそ、我が姉妹よ」とあたたかく迎え入れてくださった。

演習場でマリア様を見かけた話も真剣に聞いていただき、最後に讃美歌を歌って教会を後にするころには、すっかり心が洗われたような気分になっていた。

念願のマリア様へのお礼も果たし、これで心置きなく年も越せようというもの。

以後、卒業までの残り少ない期間、この教会には何度か足を運び、M崎牧師をはじめ、ほかの信者の皆さんにも仲良くしていただいた。

見ず知らずの一候補生を受け入れてくださった江田島教会の皆さんには今でも心から感謝している。

制服で帰省——警視庁の方ですか?

ゴールデンウィーク休暇、夏期休暇、そしていよいよ冬期休暇。

帰省も三回目となると、さすがに要領がつかめてくる。

新幹線の特急券・乗車券も首尾よく入手し、土産のもみじ饅頭を満載して、私は広島駅から帰省の途についた。

今回の帰省では、私はどうしても試してみたい件があった。

ズバリ。制服制帽での帰省である。

しかし、さすがに広島駅から制服制帽はキツイので、私服のコートの下に制服を着込み、無帽で新幹線に乗り込んだ。

これなら、パッと見ただけで自衛官とは分からない。普通のコートを着た一般の女性にしか見えないだろう。

ところが……。

新幹線が小田原駅を通過したあたりで、私はさりげなく席を立ち、洗面所でコートを脱いだ。新横浜の駅に降り立つにあたっては制帽を被り、白手袋まで着用。

！！！

周囲の空気が変わった。

さすが都会の人たちだけに、チラッと視線を投げてくるだけだが、明らかに「なんか見慣れない奴がいるぞ」という目である。

しかし、地元の駅から家までの道のりを歩いていると、ちょうど信号待ちで止まっていた車の列から、次々と食い入るような視線が！

中には、わざわざ車の窓を開けて、「すみませーん！　警視庁の方ですか？」と確認してくる人もいた。

「いいえ、海上自衛官です」

と答えると、「へぇえ」と感心したような顔をした後、「パトロール、お疲れ様です！」と労われた。

いや、だから警官じゃないんですってば。

当時はまだ自衛官自体が珍しかった時代であり、さらに海上自衛官ともなると、一般の人はなかなか目にしたことがなかったのだと思う。

見慣れない制服を着ているだけで、これほど注目されるとは！

ちょっとした有名人にでもなったような気分を満喫できた次第だった。

第三分隊のナイチンゲール？

実家でつつがなく新年を迎えられた喜びと安堵も束の間、ふたたび江田島に引き返すと……。

間髪入れずに、厳冬訓練が待っていた。

具体的になにをする訓練かといえば、課業はじめの前にカッターを漕いだり、走り込みをしたりするのである。

別課（クラブ活動）の朝練がある者はそちらに参加しても可。

ようするに、総員が早朝になにかしらの運動をしなければならない訓練である。

……と、書くのは簡単だが、江田島の冬は想像以上に寒い。

江田島湾から吹き寄せる海風は、「冬の主役」ジャンパーを余裕で突き抜け、身体の芯まで凍らせてくれる。

ちょっとやそっと運動したくらいで身体は温まらない。

とくに、カッター訓練に当たった日などは地獄である。

艇に乗り込むには裸足が原則なので、これはもう「冷たい」を通り越して「痛い」。さらに、ここを通り越すと「感覚がない」域に達する。

漕ぎ手は櫂を動かすだけ気もまぎれようものだが、舵棒を握って座っている時間の長い艇長は、ひたすら寒さを耐え忍ぶしかない。

漕ぎ手に対して積極的にかけ声をかけて応援するものの、漕ぎ手ががんばって艇を速く進めれば進めるほど、風下に座っている艇長への風当たりは強くなる。

骨身に染みる真冬の海風に涙を流し、流すそばから涙も凍る厳冬訓練なのだった。

訓練の趣旨はおそらく、早朝から身体を動かして寒い冬を活発に乗り切ろうというものなのだろうが、これはまったくの逆効果だった。

活発どころか、訓練のダメージとインフルエンザのダブルパンチで、江田島病院に入室する者が続出した。

後期の衛生係に当たっていた私は、連日発生する入室患者の対応に大わらわ。

前期室次長のＫ宮候補生、後期室次長のＫ田候補生、ＷＡＶＥのＫ野候補生……と、なぜか成績優秀な人ばかり次々と入室する。

「○○は風邪をひかない」とはよく言ったもので、それまで一度もインフルエンザに罹ったことがなかった私は、このときも江田島に蔓延するインフルエンザの猛威からまぬがれていた。

いつもいろいろと足を引っ張ってご迷惑をおかけしている身としては、こういうときこそ恩返しをするしかない。

とはいえ、看病は江田島病院がすべてやってくれるので、衛生係の私にできるのは、入室患者に必要な身の回り品などを運ぶ「運び屋」の役割だった。

当時の江田島病院のシステム上、入室患者の喫食は前日に申請されるため、当日の朝や昼に入室が決まった者は江田島病院で夕食を出してもらえない事情が発生していた。つまり、誰かが幹部候補生学校の食堂から入室患者の分の食事を江田島病院まで運ばなければならない。

その「運搬」を私が引き受け、ついでに患者たちのリクエストに応えて必要な身の回り品を届ける。

タイトなスケジュールの中、「運搬」の時間をひねり出して江田島病院と幹部候補生学校の間を奔走。

練習船実習のためのチャート作成を入室中に済ませてしまいたいというK宮候補生たちに、夕食と合わせて三角定規とディバイダーのセットを届けると、「ありがとう！　時武」「時武さん、申し訳ありませんねえ」と口々に感謝された。

しかし、練習船実習のチャートは二課程学生総員で使うものなので、第三分隊のブレーンたちが入室中に作成してくれるのであれば、それはかえってありがたいのだった。

入室患者の一人であるK田候補生には、例の「蜘蛛の糸オペレーション」でも大変お世話になったことだし。

インフルエンザをも寄せ付けないバカさ加減が、思わぬところで役に立った次第だった。

第11章　最後の週番、最後の護衛艦実習

週番学生

候補生生活も終盤にさしかかったころ、週番学生の順番が回って来た。

そう。終盤だけに週番！

なあんて、今でこそシャレの一つも飛ばせるが、当時はとてもそんな気分ではなかった。

週番学生に当たってしまった事実の重みで、何週間も前からどんよりと気分がふさぎ、まるで刑務所に収監される囚人のような絶望感に襲われた。

それほどまで人を落ち込ませる週番とは何なのかというと……。

学生隊全体の当直ととらえていただければ分かりやすい。

普通の学校生活でいえば、クラスの日直がバージョンアップして、学校全体の日直を一週間ぶっ続けで務めるイメージだろうか。

週番に当たった学生は教務や別課の時間以外は週番室に詰めていなくてはならず、自身の分隊自習室や休憩室に戻って来られない。

私たちの時代の週番室は赤レンガの玄関通路脇にあった。

六畳から八畳ほどのスペースだっただろうか。ここに常時六人ほどの週番が机を並べて週番業務にあたるので、週番室の人口密度は濃く、冬でも変な熱気に満ちていた。

週番学生総員の長の立場にあるのが主務週番で、あとは副主務、甲板、文書、令達……といった役職がある。

すべて記憶していないのが残念だが、私があたったのは令達週番だった。

これは普通の学校でいうところの放送係である。

候補生学校の日課号令はすべて、令達週番による一斉放送で下令される。

この一斉放送を担当するのが令達週番なのだ。

前任者の令達週番から申し継を受けるにあたり、とても一日では足りないため、該当週の何日も前から足繁く週番室に通って聞き取りをした。

さらに、初日から二日間くらいは前任の令達週番と一緒に勤務をしてから正式に交代をしたように思う。

艦艇勤務でいうところの「ダブル配置」である。

私の前任の令達週番は飛行幹部候補生のＯ江候補生という人で、私と同じくマイペースな感じの人だった。

なにかやってくれ

いよいよ第三分隊の自習室の席を引き払い、週番室へ引っ越す日。

私の週番室入りに際して、第三分隊の面々から、「時武へ」と題された激励の寄せ書きが送られた。

「一週間の無事を祈る」とか「週番が明けたら、チョコ（私の大好物）が待ってるぞ」とか「週番室で寝るなよ！」とか、大半は分かりやすい励ましなのだが、なかには「時武たのんだぞ。なにかやってくれ！」というよく分からない励ましも入っていた。

つまりは「なにかやらかしてくれ」という趣旨なのだろう。

しかし、こればかりはご期待に応えるわけにはいかない。

ただでさえ、いつも失敗ばかりで冷や汗をかいているのに、週番に入ってまでやらかしたら、赤鬼・青鬼の咆哮直撃である。

そう簡単にやらかしてたまるか！

私は苦笑いしながら寄せ書きを鞄に収め、週番室に入ったのだった。

学生隊幹事からの電話

週番室に入ってからの初仕事は「課業やめ」の放送だったように思う。号令を入れる前にチャイムを一回鳴らすのだが、なぜか手がすべってチャイムを二回鳴らしてしまった。

誰も気が付かないだろうと思っていたら、さっそく赤鬼に気付かれて最初の咆哮を浴びた。

なにごとも最初が肝心というが、私の場合、最初から赤鬼にマークされてしまったのである。

「さっそく幹事付A（アルファ）に目を付けられちゃいましたよ」

ダブル配置のO江候補生に愚痴をこぼしたところ、「幹事付ならまだいいですよ。僕なんか、幹事に目を付けられちゃってますからねえ」との答えが返って来た。

幹事とは幹事付の上官。鬼の大将である。幹事付を飛び越して、幹事に目を付けられるとは……。

いくらなんでも冗談でしょう。大袈裟でしょうと思ったが、どうやら本当だったらしい。

あるとき、週番室に一本の電話がかかってきた。

「はい、週番室。令達週番、時武候補生です」

申し継ぎどおりの要領で電話に出ると……。

「学生隊幹事だぁ。O江を呼べぇぇ」

鬼の大将から直々の電話だった。声の感じからして、かなり怒っている。

O江候補生はたまたま不在だったので、その旨を伝えると、「いいから、O江を呼べぇぇ。以上だぁぁッ」と、一方的にガチャリと切られた。

私が震え上がったのはいうまでもない。

「O江候補生、幹事が呼んでますよ。すぐに行ったほうがよさそうですよ」

週番室に戻って来たO江候補生に伝えると……。

「ああ、とうとうキターァァァ!」

O江候補生は頭を抱えて、その場にしゃがみこんだ。

それから力なく立ち上がり、「行ってきまーす」とフラフラ出て行った。

幹事に呼び出されるなんて、いったいなにをやらかしたんだ?

私もいろいろやらかすタイプなので、決して他人事とは思えない。

なんとなくO江候補生に自身と共通するものを感じ、「ああ、明日は我が身だ。気を付けよう」と、気を引き締めた次第だった。

新練習艦の影

幹部候補生学校にちらついていた、まだ見ぬ新鋭艦の影がいよいよ色濃くなってきたのは、ちょうどこのころからだっただろうか。

じつをいえば、かなり前から、卒業後の遠洋練習航海実習のために新たな練習艦が建造されているという噂はあった。

ただ、その新鋭練習艦の完成が私たちの遠洋練習航海実習に間に合うかどうかはまだ明確ではなく、誰もそれほど気にしていなかった。

学校生活が忙しすぎて、そんな先のことを気にしている暇がなかった、というのが正確なところだろう。

ところが年が明けて、いよいよ卒業が迫ってくると、遠洋練習航海実習も「そんな先」のことではなくなってきた。

どうやら例の艦(ふね)が完成したらしい。

私たちの遠洋練習航海実習に間に合っちゃうらしい。

このころ、私たちＷＡＶＥの間では、もっぱらその話題でもちきりだった。というのも、新練習艦の完成が間に合えば、私たちＷＡＶＥも遠洋練習航海実習に参加できるはこびとなるからだ。

それまでの練習艦〈かとり〉では、女性専用居住区の整備が十分ではなかったため、女性自衛官は遠洋練習航海実習に参加できなかった。

つまり、私たちの代が女性自衛官初の遠洋練習航海実習生となるわけである。

しかし、なんだかんだとまだ半信半疑でいたところ、いよいよ決定打となったのは、練習艦隊司令部から訓練幕僚補佐Ａ（アルファー）のＫ野一尉という女性が、事前面接のため来校した一件だった。

Ｋ野一尉の来校は夕食後か夕食前。

いずれにしても課業後の遅い時間だったと思う。

ＷＡＶＥだけを集めて話したいとのことで、私たちは隊舎の乾燥室に椅子を用意してＫ野一尉をお通ししたように記憶している。

今にしてみれば、後にお世話になる上官の女性を乾燥室で出迎えるというのも決していただけたものではないが、Ｋ野一尉はそんな些事は気にも留めない様子でいそいそと入って来られた。

Ｋ野一尉は華奢で小柄。当時三十代前半くらいの年齢だったかと思う。

まるで声優かアイドルのように可愛らしい声と喋り方の女性だった。

しかし、いくら声と喋り方が可愛らしくとも、おっしゃることは手厳しい。

「あなた、スカートがしわくちゃよ！　ちゃんとプレスしてるの？」

案内に出たＷＡＶＥをたしなめ、ご自身は完璧にプレスされたスカートにしわが寄らないよう、気をつけながら着席された。

まずは一人一人簡単な自己紹介と、遠洋練習航海実習にあたって心配事等の有無について……。

じつのところ、心配事の有無どころか心配事ばかりだったが、初対面の上官に何をどう伝えたものか分からない。

それに、誰よりも不安を抱えていたのはＫ野一尉ご本人ではなかっただろうか。

遠洋練習航海実習の経験もないのに、いきなり女性自衛官たちの統率を任されるなんて……。

相当なプレッシャーだっただろう。

とにかく、最初の顔合わせは文字通り顔を合わせるだけに終わり、とくに踏み込んだ内容は語られなかったように思う。

ただ、これでいよいよ私たちが卒業後に遠洋練習航海実習に参加するのは決定事項だと判明したのだった。

夜更けに響きわたる起床ラッパ

さて、話は週番勤務に戻る。

第三分隊の分隊員から「なにかやってくれ」というリクエストをいただき、そのリクエストには絶対にお応えしないと固く心に決めていた私だったが……。

なんとみごとにリクエストにお応えする日が来た。

それは、前任の令達週番であるO江候補生がダブル配置の任を解かれ、週番明けを迎えた日の夜だったかと思う。

週番学生として朝の国旗掲揚や課業整列などを取り仕切り、令達週番として一日の日課号令をひととおり放送し終えて、ホッとしていた夜の自習の時間……。

「やれやれ、これで朝の総員起こしまで大丈夫ですね」

O江候補生はすっきりとした顔で最後の荷物をまとめていた。

「ええ、お疲れ様でした」

任が解けて自身の分隊自習室へ帰るO江候補生を送り出した後、自習中休みの時間となり、私は「休め」の号令を入れるため、放送マイクのスイッチを入れた。

すると……。

パッパラッパパパパ、パッパラッパパパパー！

なんと、いきなり起床ラッパのCDが再生され、全校中に響きわたったのである。

驚いて途中でCDを止めようとしたが駄目だった。

最後まで完璧に起床ラッパは再生され、本来なら「総員起こし！」とマイクを入れるべきところで、私は恐れおののきながら「休め……」と号令を入れたのだった。

マイクのスイッチを切って振り返ったとき、他の週番学生たちの凍りついたような眼差しが忘れられない。

途端に湧き起こる各自習室からのどよめき。

殺到する週番室への問い合わせ。

「今のラッパはいったい何ですか！」

「第○○分隊は、総短艇だと思ってダビットへ出発しましたよ！」

私は絶句した。

こんな時間に総短艇がかかるわけないでしょ！

泣きたい気持ちになったが、とにかく騒ぎの根源は私が再生した起床ラッパなのだ。

「とりあえず自転車でダビットまで行って、総短艇と勘違いしている分隊に呼びかけてきますよ」

自転車を割り当てられている甲板週番の学生が飛び出していった。

「ああ、やってしまいましたねえ、時武候補生。いったいどうしてこんな事態になったのか……」

入れ替わりに飛び込んできたのは、前任の文書週番で第三学生隊のS賀候補生だった。部隊での経験も豊富で、しっかり者のS賀候補生は任が明けた後も心配して駆けつけてくれたのである。

「まずはマイクですよ。今のラッパは間違いだと訂正するんです！」

私は言われたとおり、ふたたびマイクのスイッチを入れ「ただいまのラッパ元へ！」と訂正した。

「次に赤鬼・青鬼対策です。まもなく駆けつけてくるでしょうから、どうしてこうなったのか、ちゃんと説明するように！　幸運を祈ります」

S賀候補生は風のように去っていき、ほどなくして赤鬼が駆けつけてきた。

「今の起床ラッパを鳴らした奴は誰だッ！」

「はい。私です」

正直に名乗り出る。

「どうしてこんな時間に起床ラッパが鳴るんだ？　よく分かるように説明してみろ！」

お言葉だが、よく分かるように説明できるくらいなら、最初から起床ラッパなど鳴りはしない。

どうしてこうなったのか、一番理解できていないのは、ほかならぬ私なのだ。

「起床ラッパが鳴った原因につきましては、ただ今、究明中です……」

当然、こんないいわけで通用するわけがない。

赤鬼の追及はみっちりと続いた。

そうこうしているうちに「自習やめ」の時間となり、「自習やめ」のマイクを入れようとして、私はハタと気がついた。

——これで総員起こしまで大丈夫ですよね。

週番室を出る際、O江候補生はたしかにそう言っていた。

あのとき、O江候補生は「もう翌日の総員起こしまで号令を入れることはない」と考え、次にマイクのスイッチを入れると同時に起床ラッパが鳴るように、親切にセットしていってくれたのにちがいない。

やってくれたな、O江候補生……。

さすが幹事に目を付けられるだけのことはある。

私より一枚上手の候補生による、悪意のない置き土産に、つくづく涙した夜だった。

最後の総短艇？

わずか一週間、されど一週間。短いようで長い週番生活が終わりかけていた。

夜の自習中休みに起床ラッパを鳴らすという、とんでもない失敗をやらかしてから、私はある意味「もうこわいものはない」域に達していた。

この一件で、候補生学校生活最高の心拍数を記録したので、すっかり心がバカになって、なにが起きても無反応な状態になっていた。

しかし、それでもやはり不測の事態は発生する。

ある日の課業後、週番室に何の前触れもなく、いきなり青鬼がツカツカと入ってきた。

なんだ、なんだ？　と慌てる私たち週番学生たちを手で制し、青鬼は私の席の後ろにある放送マイクのスイッチをカチリと入れた。

「学生隊待て。第一学生隊総短艇用意！」

なんといきなりの総短艇である。

週番生活の最後に、まさか総短艇発動の現場に居合わせるとは！

「……以上、かかれ！」

青鬼はマイクのスイッチを切ると、視線を一巡して私たちに睨みを利かせてから、週番室を出て行った。

「お前たち週番学生も『かかれ』よ」という意味である。

といっても、原則として週番学生は総短艇には加わらないので、総短艇後の表彰台の設置、現場の復旧、清掃作業などの準備に「かかれ」という趣旨になる。

第一学生隊も大あわてだろうが、私たち週番学生も大あわてだった。

急いでゴミ袋やほうきなどの清掃用具をかき集めて準備にかかった。

そうしている間にも、何人かの学生が土足で赤レンガの玄関通路を突破していき、磨き抜かれた床には切羽詰まった足跡が点々と残った。

玄関通路は普段は通行禁止だが、入校時と卒業時、あとは総短艇時にのみ通行が許可されるのだ。

足跡をすぐに拭き取りたくても、まだ後から何人も走って来ることを考えると拭き取り作業は危険である。

作業中に体当たりされたり、踏まれたりしたくないので、私は自身も玄関通路を突破してダビットへ向かった。

各分隊ともに、ダビット付近は喧騒の渦で、すでに短艇降下が終わっている分隊もあれば、まさに降下の最中の分隊もあった。

さて、我が第三分隊は……。

気になって第三カッターの吊ってあるダビットを見ると、すでに短艇降下は終わっており、精鋭クルーたちが、沖に向かって漕ぎ出していた。

目下のところトップである。

いいぞ、いいぞ。行け、行け！

心の中で目一杯の声援を送っていると……。

「どうだ？　自分が参加しなくていい総短艇は？」

いつの間にか、分隊長のS本一尉が腕組みをして後ろに立っていた。

「いや、まさか週番勤務中に総短艇がかかるとは思いませんでした。三分隊、いい感じですね。これはもしかすると、優勝するのではないでしょうか！」

私が興奮して答えると、S本一尉もまんざらでもなさそうな表情を浮かべた。

しかし、油断は禁物。他分隊のカッターもどんどん追い上げてくる。

負けるな！　がんばれ！

固唾を呑んで見守るうちに、第三カッターが先頭を切って、沖のブイを回った。

よし、そのまま逃げ切れ！

……と、その瞬間、S本一尉の口から「ああ、終わったな」と落胆の声が漏れた。

「いや、まだ勝負は終わってませんよ。このまま逃げ切れば……」

「いや、終わった。見ていて分からんのか？」

？？？

もしや、クルーの数が一人多かったり少なかったりするのでは？　とも思ったが、定員数は合っている。

しばらく見ていて、私はアッと気がついた。

「他の分隊は、みんな逆回りにブイを回ってますね」

「他の分隊が逆回りなのではない。三分隊だけが逆回りしたんだ」

ブイの回頭方向は偶数月と奇数月で異なるか、あるいは、係留替えの前と後で異なるか、くわしくは失念したが、とにかく、我が第三分隊のカッターは先頭を切って回頭方向をまちがえたのだ。

残念ながらこの時点で失格となり、いくら一位で到着しても優勝はできない。

痛々しいのは、自分たちが回頭方向をまちがえたと、クルーの誰もがまだ気づいていない点である。

「見てみろ。H田の、あの勝ち誇ったような顔を……」

失格になるとも知らない艇指揮のH田候補生が優勝を確信し、張り切って漕ぎ手にかけ声をかけている。

S本一尉は片手で顔を覆った。

「いいか。愚かとは、こういうことをいうのだ。よく覚えておけ。愚かすぎて、俺はとても見ていられない」

S本一尉は、クルリと背を向けて歩き去っていった。

その後の表彰台で、第三分隊がコールされることはもちろんなかった。

副校長による講評は毎度おなじみ「喧騒である!」の一言から始まり、あとはよく覚えていない。

このほろ苦い総短艇が、候補生学校生活最後の総短艇だったかどうか分からないが、いろんな意味で記憶に残る総短艇だった。

Kちゃんが江田島に!

令達週番学生には、週番明け前に「今週の格言」と称して、自ら選んだ格言を放送するという最後のお役目がある。

もちろん、テキトーに選ぶのではない。選んだ根拠をきちんと幹事付に説明して、許可をもらったうえで放送する。

私が選んだ格言は「時は金なり」。

卒業までの残り少ない貴重な時間を有効に過ごそうという意味を込めて選んだものだった。

これはすんなりと許可され、この放送をもって私の週番は明けた。いろいろとやらかしたおかげで、ずいぶんと密度の濃い週番生活だったが、苦あれば楽ありというもの。

週番明けの休日には、大学時代の友人のKちゃんが旅行の途中で江田島に立ち寄ってくれるという楽しい出来事が！

Kちゃんは大学卒業後、そのまま大学院に進学。大学院生として古代日本文学の研究にいそしんでいる最中だった。

達筆な文字で、江田島にもよく手紙をくれた。

Kちゃんの江田島訪問は、よく晴れた休日だったと思う。せっかくなので、わざわざ制服に着替えて、衛門にKちゃんを迎えに行った覚えがある。

「りほちゃん、久しぶり！」

Kちゃんは大学時代から華やかな人で、殺風景な衛門に、そこだけパッと花が咲いたようだった。

つもる話はいろいろあるが、まずは第三分隊の休憩室にご案内して一休み。

ちょうど第五分隊のM崎候補生が防火隊当直かなにかで学校に残っていたのではなかっただろうか。

M崎候補生も加えた三人で、楽しく談笑したように思う。

さて、それからKちゃんをダビットのほうへご案内して、総短艇の説明などしていると、当時、桟橋に係留されていた退役護衛艦の〈はるかぜ〉が目に入った。ぜひ乗ってみたいとのことなので、そのまま〈はるかぜ〉に乗り込み、艦橋で記念写真をパチリ。

どうせなら現役護衛艦に乗せて差し上げたかったが、退役護衛艦でも喜んでいただけたのでよかった。

こうして、久しぶりの再会を満喫した後、Kちゃんはふたたび瀬戸内海めぐりの旅路につき、私は残り少ない江田島生活にもどった。

じつはこの翌日、大三島に立ち寄ったKちゃんは海上自衛隊の小型船が入港するところを目撃したという。

「あの船の中に、りほちゃんたちが乗ってたんだね」

このとき、Kちゃんが見た船こそ、私たちが最後の練習船実習で乗っていた練習船一二号だったのだ。

最後の実習なので遠出して船内に一泊してから帰投するという行程で、大三島はその途中で寄港したのだ。

まさかここでKちゃんとニアミスしていたとは当時の私も知らず、後になってKちゃんから聞いて驚いた次第だった。

ちなみに、この一泊二日の練習船実習ではＷＡＶＥだけ徳山の宿泊施設に泊まり、男子候補生たちから大ブーイングを受けた。

「俺たちは練習船内のハンモックで小さくなって寝てたのに、ＷＡＶＥだけズルい！」

しかし、これは学校側の指示によるものだから仕方がない。

狭い練習船内に女性も一緒に宿泊するのはいかがなものかという判断だったのだろう。

最後の護衛艦実習

さて、練習船実習と同じく、護衛艦実習もいよいよ最後となった。

護衛艦実習は今までにも何度かあったが、今度の護衛艦実習は候補生学校生活最後の集大成。

もう「艦に慣れるため」などの目的は卒業して、「将来の艦艇勤務を見据えて」という目的である。

いよいよ乗艦する護衛艦の割り振りが決定し、私の乗艦先は練習艦〈やまぐも〉となった。

これまでの護衛艦実習ではずっと〈かとり〉に乗艦してきたため、〈やまぐも〉は今回が初めて。

一番心配だったのは、居住区の狭さである。

〈やまぐも〉は〈かとり〉と違って、最初から練習艦仕様ではなく、護衛艦隊に属する護衛艦から練習艦仕様に改修された艦だったからだ。

全長一一四メートルで基準排水量は二〇五〇トン。

決して大きな艦とはいえない。

しかも、蒸気タービン艦で真水の豊富だった〈かとり〉に対して、〈やまぐも〉はディーゼル艦。

真水管制も当然厳しいだろう。

できるだけ手荷物は少なくまとめて、いざ乗艦する日がやって来た。

たしか江田島湾まで、〈かとり〉〈やまぐも〉〈まきぐも〉の三艦が迎えに来てくれたような気がする。

ドキドキしながら乗艦すると、艦内は狭く、やはり〈かとり〉とは勝手が違った。

さっそく後部の居住区に入って愕然。

四人で六畳ほどのスペースであり、しかもそのスペースの大半は三段ベッドで埋められている。フリースペースは、一人がやっと立てるほどの通路のみ。

ここまでくると、もはや潔い(いさぎよ)としかいいようがない。

極めつけはロッカーだ。

各自に割り当てられたのは、まるで駅前のコインロッカーのような、五〇センチ四方ほどの簡易ロッカー一つ。

二泊三日程度ならいざしらず、今回の実習は約一週間。一週間分の荷物をこのロッカー一つでまかなえって？

無理無理無理無理……。

頭の中は「無理」のオンパレードだったが、そこはやはり江田島仕込み。

しかも、卒業間際なのでかなり鍛え込まれていたため、短い身辺整理の時間で、ベッドメイキングと手荷物の収納をどうにか終わらせた。

艦の居住区のベッドメイキングも候補生学校のベッドメイキングも基本は一緒である。

唯一違う点は、護衛艦実習でベッドを飛ばされる心配はまずないだろうというところ。

だからといって決していい加減にはできないが、なにせ狭いのでシーツを伸ばすにも一苦労だった。

K藤二尉との再会

身辺整理が終わると、休む間もなく「実習員集合、実習員講堂！」と号令が入った。

〈やまぐも〉の実習員講堂は後部にあり、〈かとり〉の実習員講堂と比べると半分の広さもなかったのではないだろうか。

講堂とは名ばかりで、一五、六畳ほどの狭いスペースに、予備校等でよく見かける横つながりの机と椅子が並んでいる。

正面には小さいスクリーンがあって、ここに映像を映して講義できるようになっている。私たち第五教務班の二課程学生二十数名が着席すると、まさにキュウキュウだった。最初の集合は指導官紹介で、指導官（個艦の幹部）の方々と、私たち実習員の顔合わせだった。

ワッチ（航海直）についていない指導官の方々が次々と入って来られて、挨拶をされた。

今でも印象に残っているのは、通信士のWAVE、K松三尉である。

「通信士、K松三尉」

と淡々と名乗られた姿がスマートで、私も一年後にはK松三尉のような指導官になるのかなあ、なれるのかなあと漠然と思った。

じつは〈やまぐも〉の女性幹部はK松三尉だけではなかった。

直接の指導官ではなかったものの、年明けの人事異動で、候補生学校でお世話になった隊付BのK藤二尉が補給長として着任されていた。

着任されてまだ間もないころだったはずなのだが……。

まるで最初から護衛艦乗組だったかのように、〈やまぐも〉に溶け込んでおられて驚いた。

「あなたたちはいいわよ。遠洋航海実習に行けるんだから。私も艦に乗りたい！」

と口癖のように言っておられただけあって、〈やまぐも〉でのK藤二尉は候補生学校のころよりずっと活き活きとしておられた。

あご紐を掛けて作業帽をかぶり、艦の防寒用ジャンパーを着て上甲板を歩く姿は、すっかり「艦の人」。

まさに水を得た魚のようなご活躍に元気をいただきながら、私たちも忙しい護衛艦実習に励んだ次第だった。

第12章　幹部候補生学校、卒業

イノセントワールドな退艦

最後の護衛艦実習では、佐伯湾に投錨したのではなかったかと思う。練習艦〈やまぐも〉の内火艇を使って上陸した記憶がある。

上陸先では〈かとり〉〈まきぐも〉乗艦組と合流して補給長のＫ藤一尉と通信士のＫ松三尉を囲んで候校ＷＡＶＥ会を開催した。

二人ともお酒が強くて大いに盛り上がったのはよかったが、私は途中で眠ってしまってもったいないことをした。

目を覚ましたら、スサノオノミコトのような髪型に結い上げられていて驚いたが……。

もちろん、飲み会ばかりやっていたわけではなく、みっちりと訓練もした。ハイライン作業や戦術運動訓練、夜間航海訓練……。後々の艦艇勤務に必要な訓練ばかりで、今にしてみれば、もっとちゃんとやっておけばよかったと後悔しきりである。

感心だったのは、この護衛艦実習の後に実施される持久走大会のために、第四分隊の学生たちがわざわざ上陸して走り込みをしていた点だ。

持久走大会は最後の分隊対抗競技であり、候補生学校での有終の美を飾るにふさわしい行事だった。

しかし、我が第三分隊はすでに弥山登山競技で優勝して満足してしまったせいか、優勝にかける熱意が第四分隊ほどではなかったのかもしれない。

この後の持久走大会では第四分隊が納得の優勝を果たした。

それはさておき、一週間も寝起きをともにすると〈やまぐも〉の乗組員の方々との一体感が生まれ、いざ艦を降りる段になって、非常に名残惜しくなった。

最後の退艦の場面は今でもありありと覚えている。

「実習員が退艦する！　総員見送りの位置」

艦内マイクにより舷側に整列した乗組員の前を敬礼して通りすぎるとき、ＢＧＭにMr.Childrenの「イノセントワールド」が流れた。

暮れかかった江田島湾の風景とこの曲がやけにマッチしていて、不覚にも涙が出そうになったものだ。

「幹部になって戻ってこいよー！」

そんな声をかけていただいたような気がする。

最後の「帽ふれ」で別れを告げた後、「絶対に幹部になって戻ってくるぞ」と固く心に誓った。

しかし……。

〈やまぐも〉と〈まきぐも〉は、卒業後の国内巡航までは一緒に行動したものの、その後退役し、私が遠洋航海から戻ってくるころにはもう廃艦となっていたのだった。

校友会活動

さて、最後の護衛艦実習を終えてからは、卒業までの秒読みが一気に加速した。

私たち一般幹部候補生と同じ日に卒業する飛行幹部候補生との間で校友会が結成され、校友会主催の送別会が企画された。

幹部候補生学校の食堂を貸し切った立食パーティーなのだが、オードブルの盛り付けや余興なども自分たちで行なう、手作り感満載のパーティーだった。

卒業間際になって急に有志による合唱部も立ち上げられ、そこになぜか私も組み込まれていた。

にわか合唱部の最初にして最後の晴れ舞台は校友会送別会での余興。ここで披露する歌のために、課業後の時間を使って合唱の練習が行なわれた。

覚えている曲目は海上自衛隊歌の「海をゆく」と童謡の「赤とんぼ」。ほかにも何曲か歌ったはずなのだが、残念ながら失念した。

ちなみに、この当時の「海をゆく」の最初の歌詞はまだ「男と生まれ海をゆく……」だった。現在は女性自衛官の存在を考慮してか、違う歌詞に変更されたようだが……。

当時は何の違和感も覚えず、堂々と「男と生まれ……」と歌っていた。

次期幹部候補生に内定した大学生たちが毎年恒例の江田島研修にやってきたのも、ちょうどこのころである。

一年前の今ごろは、私もこんな感じだったのだろうなあ。

感慨深く内定者たちを迎え、立食パーティーをした。

内定者たちが気にしていたのはやはり遠泳のことらしく、遠泳に関してたくさんの質問が寄せられた。

私自身が「赤帽でも大丈夫」の見本のようなものなので、その点は強調しておいた。

「赤帽ってなんですか？」と質問していた一年前が懐かしい。

あのときは、ちょうど一期上の先輩たちが頼もしく見えたものだが、今の内定者たちからすると、私たちも多少は頼もしく見えたりするのだろうか。

じつはこれから先の国内巡航や遠洋航海の不安で胸がいっぱいなのだが……。

一年前を思い出しながら、楽しく談笑したひとときだった。

卒業直前大ヒット！

持久走大会を以って分隊対抗競技は終わったが、競技ではなくレクリエーションの一環としてソフトボール大会も行なわれた。

第一グラウンドの芝生の上で、お遊びのようなソフトボールゲームの始まりである。

ソフトボールなんてまったく経験のない私だったが、なぜかピッチャーを務めるはこびとなってしまった。

球威がないので、マウンドの位置をずらし、かなりバッターに近いところから投げて不思議と好成績だった。

調子にのって連続登板したのはよかったが、ここで思わぬアクシデントが！

相手チームのバッターから強烈なピッチャー返しをくらったのである。

しかも、顔面に……。

あまりの衝撃にうずくまったまま、しばらく立ち上がれず、救急車両が呼ばれた。

自衛隊の救急車両といえば、緑地に赤十字の通称「ミドきゅう」である。

まさか、卒業一〇日前に「ミドきゅう」のお世話になるとは思わなかった。

「ミドきゅう」がマウンドに到着するころには、意識もしっかりとして立ち上がれる状態だったのだが、せっかく呼んでもらった手前、粛々と乗り込んで江田島病院まで運んでいただいた。

幸いにも顔面骨折には至らず、ボールの衝撃はすべて前歯が吸収してくれたらしい。丈夫な前歯に感謝である。

大破して腫れ上がった口唇部に消毒薬と軟膏が塗られ、炎症止めの飲み薬と氷嚢を渡されて、私は帰された。

当然ながら、迎えの車両などは来ない。

テクテクと徒歩で帰校しながら気がかりだったのは、唇の腫れがあと一〇日ほどで引いてくれるかどうか、の一点のみ。

なにしろ、外観は唇の膨れあがった半魚人のような形相で、自身の唇が一メートルくらい先にある身体感覚なのである。

こんな顔で卒業式に出られるだろうか。両親も来るというのに……。

マスクの日々

その日の巡検は自習室ではなく、寝室で受けた。

時間になると、もの悲しい巡検ラッパの節が流れ、「じゅんけーん！」と、当直士官が週番を引き連れて見回りにくる。

いつもは第三分隊の自習室で気を付けをしているのだが、今回は一三人が寝起きしているWAVE寝室に一人。

自身のベッドに横たわって当直士官の点検を待つ。

「じゅんけーん！」

やって来た当直士官は結索の鬼、S口准尉だった。

口の上に氷嚢を載せて寝ている私の姿を見るなり、S口准尉は「コラ、時武。どうしよった？」と、わざと怒りとばすふりをしながら心配してくれた。

私が今日の巡検を寝室で受ける件は承知されていたようだが、具体的な理由はご存知ないようだった。

いきさつを簡単に説明し、「卒業までに治りますかねえ？」と苦笑いしたところ、「なにを言いよる？　たいしたことないじゃろ！」と笑いながら励ましてくれた。

後にも先にも、寝室で巡検を受けたのはこれが初めて。

それから、腫れ上がった唇を隠すためにマスク着用の日々が続いた。衝撃を受けた前歯はしばらく痛くて使えず、食事は奥歯だけで乗り切った。

こうして迎えた校友会の送別会では多少の腫れは残っているものの、マスクを外してもどうにか見られる程度にまで回復した。

後ろ向きだった気持ちも前向きになり、準備の段階から参加した。

オードブルの盛り付けで腕を振るってくれたのは、第二分隊のＷＡＶＥ、Ｈ川候補生だった。

食堂からまるごと渡されたトマトも彼女がスッスッと包丁を入れると、真っ赤な薔薇の花に早変わり。

「料理はわりと好きなんだー」というだけあって、みごとなお手並みに感嘆した次第だった。

合唱部の発表は、同じくＷＡＶＥのＫ原候補生、Ｋ澤候補生ら、音楽に素養のある人たちの楽曲指導のおかげで、にわか仕込みながら堂々とした出来に仕上がった。

卒業式を目前にした最後の晩餐は和やかにしめくくられた。

卒業式

人体の回復力とはすさまじいものである。

まるで卒業式に合わせるかのように唇の腫れは引き、前歯でものも噛み切れるようになった。

下宿の引き上げ、練習艦隊に送る手荷物の荷づくり、制服の金線のまき直し等々、ひととおりの準備を終えた卒業式前日。

夕方ごろ、卒業式に参列するため能美海上ロッジに宿泊している両親に電話を入れた。ソフトボール顔面ヒットの件を話したところ、「まあ、大変。でも、脳が無事でよかったわね！」と驚いていた。

たしかに脳までやられたら、卒業式どころではない。

旅行気分でテンションの高い両親と、ひとしきり話をして電話を切った。

卒業式当日は、よく晴れた寒い日だったと記憶している。

入校式でお世話になった白亜の大講堂に白手袋を嵌めてふたたび整列し、着席する。

一人一人名前を呼ばれて返事をし、立ち上がるのだが、大講堂は反響抜群で、声がとても大きく響く。

まるで自分の声ではないようだと思いながら、一年間の候補生生活をふりかえった。

とんでもないところへ来てしまったという場違い感でいっぱいだった入校時の四月。

分刻みのスケジュールと赤鬼・青鬼にひたすら追い立てられ、罰としてよく走らされた三G。

不意打ちの総短艇。

総員〝逆パンダ〟で八マイル遠泳を達成した夏。

相次ぐ紛失物と三度の突撃に泣いた原村の野外戦闘訓練。

まさかの弥山登山競技優勝！

相変わらず場違い感はぬぐえないものの、それでも少しは進歩しただろうか？

さまざま思いを胸に大講堂を後にする時にはもう、時武候補生は時武三尉となっていた。

表桟橋帽ふれ

卒業式の後は、第一術科学校の食堂で盛大な午餐会が催された。

紅白の幕のかかった会場で、私たちは来賓の方々と向かい合い、祝い膳のお弁当に箸を運んだ。

卒業式の時は袖口の階級章はまだ半線に錨マークだったが、この時は一本線に桜マーク。三等海尉としての午餐会である。

後に知ったが、この午餐会には作家の阿川佐和子さんや『先任将校』の著者である松永市郎氏も出席されていたようだ。

私の向かいに座られた来賓がどなただったかは失念したが、楽しく談笑しながら江田島最後の食事を味わった。

食事の後はいよいよ表桟橋を出て「帽ふれ」である。

卒業証書を左手に持ち、私たちは赤レンガの玄関から中庭にかけて整列した。

軍艦マーチが勇壮に響くなか、堂々と玄関の通路を通って表桟橋へ……。

流し敬礼をしながら行進していくと、卒業生の父兄たちが並んで手を振っているのが見えた。第三分隊長S本一尉の奥様もその中に混じって、しきりに手を振ってくださっていた。

さらに、表桟橋側へと進んでいくと、お世話になった教官や職員の方々が並び、学校長や分隊長たちは表桟橋に一番近いところにおられた。

「俺は泣かない」と宣言されていたS本一尉はすでに涙ぐみ、それをごまかそうと、わざと怒ったような顔をされていた。

江田内には〈かとり〉〈やまぐも〉〈まきぐも〉の三艦がすでに迎えに来ている。この

大講堂で行なわれた著者ら一般幹部候補生課程の卒業式。最前列左端に座るのは隊付、立っているのが卒業生で、最前列左から9人目までが優等賞、以下50音順に並んでいる。入校者数152名で卒業したのは142名。まだ候補生の階級章のまま〈著者提供〉

赤レンガ庁舎の玄関を通り、見送りの人々に「流し敬礼」をしながら表桟橋に行進する卒業生たち。卒業式後、3等海尉の階級章の制服に着替えている。〈かとり〉乗艦者最後尾の女性自衛官の一番前に顔が見えるのが著者。後方は飛行幹部候補生〈著者提供〉

後の国内巡航でお世話になる第一練習隊の三艦だ。

表桟橋から三隻の輸送艇に分乗した私たちは、艇の上で回れ右をして表桟橋に正対した。

艇がゆっくりと進むにつれ、表桟橋が遠のいていく。

「帽ふれぇぇぇ！」

学生長の号令で、私たちは制帽を取り、高く大きく振った。

表桟橋からも答礼の帽子が振られる。

さようなら、江田島。ありがとう、江田島。

万感の思いで一礼し、「帽元へ」。

私たち〈かとり〉組を載せた輸送艇は、ゆっくりと〈かとり〉の斜め舷梯に近づいていった。

幹部候補生学校の表桟橋を離れ練習艦に向かう輸送艇から、卒業生の新任3等海尉たちは「帽ふれ」で江田島に感謝と別れを告げる〈海上自衛隊提供〉

あとがき

早いもので、私が海上自衛隊幹部候補生学校を卒業してから、すでに四半世紀が経ちました。

左手に卒業証書の入った筒を持ち、右手で流し敬礼をしながら赤レンガを出た、あの日。軍艦マーチにのって表桟橋に向かい、胸を張って行進した、あの日。「帽ふれぇぇ！」の号令とともに、輸送艇の上から万感の思いで帽子を振った、あの日。

四半世紀後に、まさかこんな新たな日常が訪れるとは夢にも思っていませんでした。

今、私たちはかつて予想だにしなかった日常を生きています。

どこに行くにもマスク着用、世間ではソーシャルディスタンスが叫ばれ、ほとんどの店で「密」回避のための措置が取られるようになりました。

四半世紀前、私が江田島で送った生活とはほぼ真逆の生活です。

そう、私にとって江田島の幹部候補生学校での日々は極めて「密」な日々でした。

「密」ゆえにインフルエンザが爆発的に流行し、猛威を振るったりもしましたが、そんな「密」な空気がもたらしたものは悪いものばかりではありませんでした。

今もう一度経験しようと思ってもなかなかできない馬小屋での雑魚寝。ぬかるみを這いつくばって進む匍匐前進。短パンTシャツで雑嚢を背負い、一丸となって山を駆け登る弥山登山競技。

あのかけがえのない「密」な日々は、確実に今を生きるための心の糧となってくれているのです。

本書に書かれているのが四半世紀前の話だというと、そんな昔話ではまったく参考にならないと思われるかもしれません。

ところがどっこい！

江田島の生活は四半世紀前から（いや、もっと前から）ほとんど変わっていないのです。春に入校して、夏には遠泳、秋には野外戦闘訓練、冬には弥山登山。その間、不意の戦闘としての総短艇が何回かあり、次の春には卒業式の「帽ふれ」です。

やっていることは今も昔も変わらないので、どうぞ安心して本書をお楽しみいただき、そして、大いに参考にしていただければと思います。

とくに卒業式の「帽ふれ」は江田島生活最後の名場面です。まだ薄寒い春の江田内で整斉と振られる白い制帽は、別れの門出を飾るにふさわしい厳かな儀式のしめくくり。（私は広報用ビデオで見たこの場面に感動して入校を決めたのですから！）

いざ昔をふり返り、ふたたび自身の手でこの名場面を描くにあたり、まるでもう一度卒業式を終えたような、不思議な気持ちになりました。もしかしたら、本書で私は二度目の卒業を迎えたのかもしれません。

幹部候補生学校の分隊長や教官の方々、同期の皆さん、その節は大変お世話になりました。こんな私が無事に卒業できたのも、ひとえに皆さまのおかげです。

最後になりましたが、月刊『丸』の連載時から本書の刊行に至るまで、多岐にわたってお世話になった潮書房光人新社の方々に心より御礼申し上げます。

また、ＳＮＳ（なかなか更新できておらず、ごめんなさい……）や読者はがき等で応援してくださっている読者の皆さま、そしてなにより本書を手に取ってくださったあなた、本当にありがとうございます。

もしも続巻でまたお会いできるなら、そのころには現在のコロナ禍が収束していることと願ってやみません。

次は候補生ではなく、三等海尉となった時武里帆の活躍をどうぞお楽しみに。
ヨーソロー！

二〇二一年　一月吉日

時武里帆

文庫版のあとがき

　単行本の『就職先は海上自衛隊　文系女子大生の逆襲篇』が刊行された二〇二一年、私はあとがきにこう書いています。

「今、私たちはかつて予想だにしなかった日常を生きています。どこへ行くにもマスク着用、世間ではソーシャルディスタンスが叫ばれ……」

　ここから二年経った現在、ようやく私たちの日常に変化の兆しが見え始めています。新型コロナウィルス対策であるマスクの着用目安が緩和され、マスクなしで街中を歩いている人たちをちらほらと見かけるようになりました。また、娘の通う中学校の卒業式も、卒業生の入退場と卒業証書授与時のみノーマスクの状態で行なわれました。ドラッグストアなどでは、口紅の売り上げが前年同期比で三〇パーセント増えたとか。

　少しずつ緩やかではありますが、コロナ以前の生活が戻ってきそうな、そんな手ごたえを感じる日々です。

とはいえ、SNS等に投稿されている自衛隊の写真を見ると、まだまだマスクをした自衛官の姿ばかり。完全にノーマスクとなる日はいつになるのでしょうか。

長期化したコロナ禍にあって、江田島の幹部候補生たちもかなり制限された学校生活を送ってきたことと思います。

本書の後半でも厳冬訓練とインフルエンザのダブルパンチで候補生たちが次々と江田島病院に入室する非常事態を描きましたが、コロナ禍で学校生活を送られた候補生の方々はこの事態が非常ではなく日常だったわけですから、さぞかし苦労されたことと思います。いや、むしろ苦労されたのは教官や職員の方々のほうでしょうか。

あれだけ密な学校生活の中で感染者を出さない、増やさない対策を練って講じるのは容易なことではありません。

私は昨年夏にたまたま取材で防衛大学校を訪れ、防大生にインタビューする機会があったのですが、ちょうど新型コロナウィルスが流行し始めた年に入校した学生がこう話していました。自分たちは最初から制限のある学生生活だったため、こういうものだと割り切れたが、上級生や指導官たちはそうではないので明らかに戸惑っていた、と。

制限の一つに大きな声を出してはいけないというものがあり、最初は部屋の雰囲気もお通夜のようだったとのこと。そんななか、指導官が気を利かせて学生たちを敷地内の広場に連れ出し、各人間隔をじゅうぶんに取ったうえで、マスクを外した茶話会のような機会を設けて元気づけてくれた、というエピソードも。おそらく江田島でも同様の配慮や工夫が凝らされたことと思います。

そういえば今年の江田島の卒業式はどうだったのだろうと気になり、幹部候補生学校のツイッターを見てみると……。

なんと、卒業証書を手にノーマスクで赤レンガから行進してくるピカピカの三等海尉たちの画像が！　思わず「おおー」と声を上げてしまいました。

本書で何度も書いてきましたように、赤レンガの玄関通路を通ってよいのは総短艇時を除き入校時と卒業時のみ。入校時はマスク着用で赤レンガ入りしたであろう彼らが、出るときは胸を張ってのノーマスク。おそらくは卒業証書授与時と行進時のみ脱マスクが許されたのでしょうが、彼らのマスクなしの晴れ姿に明るい未来を感じずにはいられませんでした。江田島も徐々にコロナ前の生活を取り戻しつつある。そうであってほしい！　と思います。

さて、本書の最後のシーンである帽ふれの続きをこちらで少し披露しましょう。輸送艇で練習艦〈かとり〉に乗り込んだ私たちはしばらく登舷礼のため外舷に並んで感動の余韻に浸りますが、すぐに実習員講堂に集められ、そこで各自新たな作業服を貸与されます。

当時は現在のようなデジタル迷彩柄でもなければ、濃紺でもない灰色の作業服でした。

卒業証書を手に赤レンガ庁舎玄関を通って表桟橋に行進する新任3等海尉たち

表桟橋を離れ練習艦に向かう輸送艇では、卒業生が「帽ふれ」で江田島に別れを告げている。後方に練習艦〈かしま〉が待っているのが見える〈このページの写真は2023年3月11日撮影・海上自衛隊幹部候補生学校公式ツイッターより〉

ちなみに、実習幹部としての部隊帽は臙脂色。

指導官たちから、これからの国内巡航についての説明と心構えについて話があった後、身辺整理と着替えのわずかな時間が与えられた後は、もうお分かりですね？　そう、「配置につけ」です。

一方、帽ふれの後、S本分隊長を含む候補生学校関係者たちは、練習艦三隻の後を追って表桟橋から津久茂方面に移動。この見送りも毎年恒例のようで、遠くから帽子をふりながらこちらに向かって何か叫んでいる声が、〈かとり〉の外舷にも聞こえました。

そして、こちらから聞こえるということは、つまり、向こうにも聞こえるということ。「実習幹部集合、実習員講堂！」の艦内マイクを聞いて、津久茂にいたS本一尉たちは「あー、始まった、始まった」と笑い合ったそうです。（これは後から聞きました）

新三等海尉たちにとって卒業はゴールではなく、初級幹部としての新たなスタート。いつまでも感慨の涙を流している暇などないのです。この後、私たちは国内巡航で国内各地の港を巡り、その後、いよいよ新練習艦〈かしま〉に乗り換え、晴海ふ頭から世界一周の遠洋練習航海実習へと「かしま立ち」します。「かしま立ち」の後の話はどうぞ次の遠洋航海篇でお楽しみください！

この文庫版『就職先は海上自衛隊　元文系女子大生の逆襲篇』が書店に並ぶ春には、多くの方々が卒業を経て、新生活のスタートを切っておられることと思います。新たな始まりには希望と不安がつきもの。どうか本書を皆様の栄えある門出のお供にしていただけましたら嬉しい限りです。

最後になりましたが、文庫化にあたりお世話になりました潮書房光人新社の皆様に心より御礼申し上げます。

二〇二三年　三月吉日

時武里帆

初出――月刊『丸』連載「ぼたんがキラリ」の第二四回
（二〇一八年七月号）～第四五回（二〇二〇年三月号）
単行本――『就職先は海上自衛隊　文系女子大生の逆襲篇』
二〇二一年三月　潮書房光人新社刊（時武ぼたん名義）

装　幀　伏見さつき
DTP　佐藤敦子

産経NF文庫

就職先は海上自衛隊
元文系女子大生の逆襲篇

二〇二三年五月二十一日　第一刷発行
著　者　時武里帆
発行者　皆川豪志
発行・発売　株式会社　潮書房光人新社
〒100-8077　東京都千代田区大手町一-七-二
電話／〇三-六二八一-九八九一(代)
印刷・製本　凸版印刷株式会社
定価はカバーに表示してあります
乱丁・落丁のものはお取りかえ致します。本文は中性紙を使用

ISBN978-4-7698-7059-3　C0195
http://www.kojinsha.co.jp

産経NF文庫の既刊本

就職先は海上自衛隊

女性「士官候補生」誕生

時武里帆

一般大学を卒業、ひょんなことから海上自衛隊幹部候補生学校に入った文系女子。そこで待っていたのは、旧海軍兵学校の伝統を受け継ぐ厳しいしつけ教育、短艇訓練、八マイル遠泳…女性自衛官として初めて遠洋練習航海に参加、艦隊勤務も経験した著者が描く士官のタマゴ時代。

定価924円(税込)　ISBN 978-4-7698-7049-4

素人のための防衛論

市川文一

複雑に見える防衛・安全保障問題も、実は基本となる部分は難しくない。ウクライナ侵攻はなぜ起きたか、どうすれば侵略を防げるか、防衛を考えるための基礎を簡単な数字を使ってわかりやすく解説。軍事の専門家・元陸自将官が書いたやさしくて深い防衛論。

定価880円(税込)　ISBN 978-4-7698-7047-0